启笛

The Nature of Sex
万物有性

生物学视角下的"性"学课

白书农 ◎著

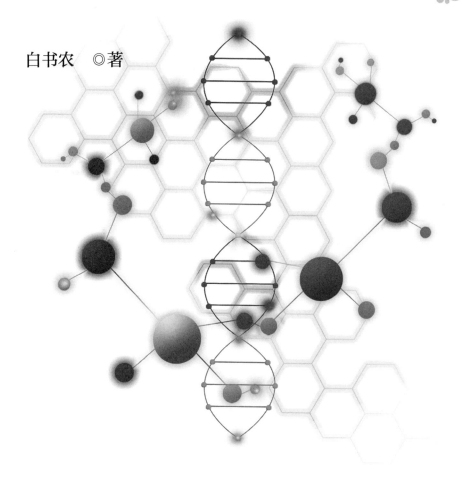

北京大学出版社
PEKING UNIVERSITY PRESS

图书在版编目（CIP）数据

万物有性？：生物学视角下的"性"学课 / 白书农著. -- 北京：北京大学出版社，2025.4. -- ISBN 978-7-301-36149-8

Ⅰ. Q954.43-49

中国国家版本馆CIP数据核字第20257K3W52号

书　　　名	万物有性？：生物学视角下的"性"学课 WANWU YOU XING? : SHENGWUXUE SHIJIAOXIA DE "XING" XUEKE
著作责任者	白书农　著
责任编辑	李凯华　魏冬峰　陈佳荣
标准书号	ISBN 978-7-301-36149-8
出版发行	北京大学出版社
地　　　址	北京市海淀区成府路205号　100871
网　　　址	http://www.pup.cn　　新浪微博：@北京大学出版社
电子邮箱	zpup@pup.cn
电　　　话	邮购部010-62752015　发行部010-62750672　编辑部010-62752824
印　刷　者	大厂回族自治县彩虹印刷有限公司
经　销　者	新华书店
	148毫米×210毫米　32开本　7.625印张　149千字 2025年5月第1版　2025年5月第1次印刷
定　　　价	49.00元

未经许可，不得以任何方式复制或抄袭本书之部分或全部内容。
版权所有，侵权必究
举报电话：010-62752024　电子信箱：fd@pup.cn
图书如有印装质量问题，请与出版部联系，电话：010-62756370

前言

很多年前的一天，我在我们学院的金光生命科学大楼前面碰到一个同事。我们在一起共事多年，有过研究工作上的合作。不仅如此，他还是我们学院同事中为数不多的喜欢思考生命科学中一些基本问题的人。因此，我们会经常聊一些生命科学研究中与各自课题无关的话题。正因为有这个背景，我对他当时问我的问题大吃一惊——他问我，植物有没有性染色体？我说就目前所知，大部分植物都没有。他又接着问，没有性染色体，植物的性别是怎么决定的呢？

为什么我会对他的问题吃惊呢？如果是没有学过生物学的人，问上面的问题其实挺在预料之中的。可是他是北京大学的生物学教授呀！就算是我们这些做植物学的人没有那些做生物医学的人受人关注和追捧（他们经常说通过他们的努力，人能活到120岁甚至是200岁，投了公众之所好，因此受追捧），不知道植物有没有性染色体情有可原，可是生物的性别未必都需要性染色体决定这个现象，普通生物学课程中可都是讲过的呀——比如乌龟等爬行类动物就没有性染色体，它们的性别由温度决定。当然，很多人当了教授之后，因为术业有专攻，把自己研究领域之外的知识还给曾经的老师，的确是常有的事情。我曾经在一次研究生考试判卷时看过细胞生物学的考题。我对负责这门课判卷的老师说，如果让我来考这张卷子，一定考不及格。所以，我也就自己化解那份吃惊了。

另外一件让我记忆犹新的事情是，我在一次团队午餐会上做研究进展报告时，介绍了自己在植物单性花方面的研究以及对与之相关的性别问题的思考。在报告中，我说公众对性现象所表现出的过度关注，应该是认知演化中的幼态延续[①]现象；电视、网络科教节目中被津津乐道的动物求偶、交配权争夺等现象，不过是生命系统演化过程中衍生出来的、由激素和神经系统奖赏回路驱动的不得已行为。与会的一位重量级教授在我报告结束时半开玩笑地说，如果性现象是这样的话，那人活着还有什么意思？

这位教授的问题让我意识到，有关性现象的传统观念对人的影响，恐怕和受过多少年的教育、是不是学术精英没有必然的联系。由于人类大脑信号处理能力的局限，一个人可能了解一个问题的全部，但不可能了解全部的人类问题，更不可能了解全部问题中每个问题的全部。可是，没有人能离开衣食住行、只生活在对一个问题的探索之中。面对在他熟悉的专业领域之外的问

---

① 幼态延续（neoteny），又叫幼态停滞，指昆虫停留在幼虫阶段不能顺利进入成虫发育的现象。

题时,该怎么或者能怎么处理呢?恐怕基本上只能是随波逐流,人云亦云——比如性现象,难道人活着的"意思",就是为了性吗?因为缺乏应有的信息而不得不随波逐流、人云亦云,大概是很多以讹传讹的说法始终如幽灵一般挥之不去的原因所在吧。

世界之大,一个人不了解的事情太多了。不可能也不需要都了解。但有关性,因为其与生俱来,谁也无法回避,于是人们其实不得不面对一个选择:或者是随波逐流,人云亦云,然后冒以讹传讹、将错就错的风险;或者是花一点时间了解人们对这种现象了解的过程,了解一些具有客观合理性的解释,然后以这些解释作为自己在面对和处理此类问题时的选择依据。本书就是希望为做后一种选择的读者提供一点或许有用的帮助。

目录

0 引言：眼见为实与身在此山——人类为什么要解释世界？/ 001

0.1 懒人挂饼故事背后的生物学——食物与取食者之间的物理距离该如何解决？/ 007

0.2 同样是"身在此山"，猴子会问香蕉从哪里来的吗？/ 013

0.3 古人为什么把火作为一种元素？/ 017

第一篇　性是与生俱来的吗？

 什么是"性"/ 029

1.1 不同社会成员对"性"话题的反应 / 029

1.2 从哪里去了解靠谱的信息？/ 034

1.3 主流文献中对"性"的定义 / 036

2 最初的细胞没有"性" / 039

2.1 什么是"生物""生命""活"——逆流而上还是顺流而下？/ 042

2.2 生命 = 活 + 演化 / 050

2.3 细胞与肥皂泡 / 056

3 真核细胞、两个主体与有性生殖周期 / 060

3.1 真核细胞的起源与两个主体性的出现 / 061

3.2 有性生殖周期——两个主体之间的纽带 / 067

3.3 "性"的词源学——"分"：从动物的雌雄异体到所有真核生物的异型配子 / 075

第二篇　生物世界中的性别分化与性行为

4 性别分化与"性"是一回事吗？/ 083

4.1 多细胞真核生物的由来 / 084

4.2 动物的生殖腺：保障异型配子形成的体细胞分化 / 088

4.3 植物的精子器与颈卵器：保障异型配子形成的体细胞分化 / 091

4.4 性别分化功能的同一性与机制的多样性 / 095

4.5 植物对澄清性别分化概念的独特贡献 / 109

5 性行为：利己？利他？利群？/ 116

5.1 性行为：多细胞真核生物中保障异型配子相遇的体细胞分化及相关行为 / 119

5.2 动物是"为了"传宗接代而求偶并争夺交配权吗？——直觉与反直觉 / 128

    5.2.1 动物性行为中的求偶 / 133

    5.2.2 动物性行为中的交配权争夺 / 136

    5.2.3 植物"性行为"中的促进异交 / 142

5.3 性行为的功能既非利己，也非利他，而是利群！/ 145

第三篇 人类性观念的起源、功能、演化

6 人之为人与人类性观念的起源 / 153

6.1 人之为人——认知决定生存 / 156

6.2 人类性观念的起源——时间差、演绎、反果为因 / 169

6.3 借题发挥——性观念在人类社会中的地位 / 179

7 人类社会与性相关现象的另类解读 / 191

7.1 爱情 / 192

7.2 婚姻 / 199

7.3　性快感、满足方式与边界 / 205

7.4　同性恋 / 209

7.5　男女平等 / 213

结语：既是作茧自缚，何不破茧而出？/ 221

附录 / 226

后记 / 229

0

引言：眼见为实与身在此山
——人类为什么要解释世界？

我是从 1998 年进入北大，接手黄瓜单性花发育调控机制研究之后，才真正开始面对"性"现象的研究。尽管研究的是植物的性别相关现象，却不得不面对有关"性"现象不同解释之间的彼此冲突和自相矛盾。在此之前，从 1978 年初进入安徽农学院农学专业开始，在不同阶段的学习和工作中，我已经注意到人们在对生命系统的研究历程中，充满了各种不同的自相矛盾的解释。小到比如在讲"花"是什么时，有的教科书说花是和根、茎、叶同一个级别的器官，有的教科书则说花是一个缩短的枝条，花器官如花瓣、萼片才是和叶同一个级别的器官[①]。大到比

---

① 参见白书农，2013，《花是器官吗？》，《高校生物学教学研究（电子版）》2013 年第 1 期：51-56。

如我们解释生物特定结构为什么会出现时,常常会用"为了"某种功能作为解释①。可是,在地球生物圈中,除了人类之外,绝大部分生物都是没有意识的,比如植物和大肠杆菌,这些生物结构的出现怎么可能是"为了"某种功能呢?

有人可能会争辩说,生物结构的出现是自然选择的结果。可是"自然"是谁?"TA"为什么要对生物进行选择呢?然后是进一步的争辩,说自然选择不过是生物与环境之间相互作用的结果。可是"环境"是什么?比如水,究竟是属于环境的一部分还是生物体的一部分?我相信本书的读者都学过中学的生物学,都知道细胞膜是半透性的(对部分相关要素是开放的),都知道水是可以透过细胞膜而在膜内外交换的。在细胞膜内外的水,从分子结构到属性,会有什么不同吗?

对科学史或者思想史感兴趣的读者可能会说,这些问题不过是创造论和自成论、活力论和机械论、还原论和整体论之间争不出结果的思想游戏而已。可是,"科学"不是讲理性的吗?我上中学时,物理老师的一句话让我至今记忆犹新:物理就是讲道理——可惜文字无法再现我记忆中依然鲜活的他的江浙口音和表情。如果道理都讲不通,或者讲不明白,"科学"或者科学家还配得到公众的信任和尊重吗?

进入北大工作很多年后,我才逐步意识到,科学家也是人。

---

① 白书农,2023,《十的九次方年的生命》,上海科技教育出版社,第 65-69 页。

科学家眼中的世界，其源头和其他人一样，都是来自人类的感官经验。而人类的感官经验，不可避免地要受到人类感官分辨力的局限。科学家眼中的世界超越人类感官分辨力的局限，是望远镜和显微镜（以下简称"两镜"）发明之后才变得可能。而"两镜"发明至今，不过短短 500 年左右的时间。

在科学家的努力下，我们现在知道，人类视觉能感知的光波，只是宇宙电磁波中很小的一部分（图 0-1）；肉眼对物体大小和距离的分辨范围大概是在 0.1mm、地面平视若干公里之内。而人类听觉与发声的频率，和其他动物相比，也只是一种类型而已（图 0-2）。因为人类在感官分辨力之内对自然的认知自有文字记载以来已有几千年的历史，在"两镜"发明之前，人们对生活中遇到的事物都已经赋予了各自的名称，换言之，"两镜"发明之后用来观察的对象，首先都是被人类肉眼辨识过的对象。它

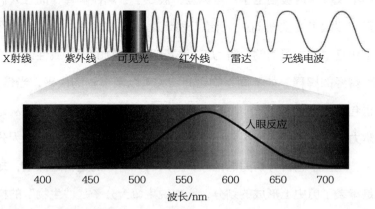

图 0-1　人类视觉对电磁波的感受范围（波长 /nm）

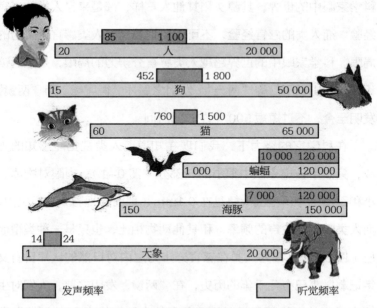

图 0-2 不同动物的听觉和发声的频率范围（单位为 Hz）

们不仅早早地被贴上了符号标签，被赋予了属性解释，而且人们坚信"眼见为实"。在"两镜"发明之后，人们做的很多探索性工作是试图在更高的分辨力下，揭示周边事物的更多属性或者检验曾经的解释，如不同事物之间的关系以及事物的由来，当然，也包括发现因感官分辨力局限而不曾被发现的事物。虽然从分辨力的角度上，人们探索和研究的对象或内容，比如说生命大分子，超出了感官分辨力的范围；但从研究对象的逻辑起点上，却是承袭了历史上形成的划分，比如说生命大分子是"生物"的构成组分。可是，先有生命大分子还是先有生物呢？如果以"生物"的存在为前提来定义"生命大分子",那么在没有生物之前,岂不是没有生命大分子了?如果是这样的话,那以生命大分子为构成组分的"生物"又是从哪里来的,怎么形成的呢?

上面先有生物还是先有生命大分子的问题对绝大部分读者而言可能太抽象了。但如果问另外一个问题,大家可能就很容易给出答案:我们人类是先看到生物还是先看到生命大分子?我相信绝大部分人都会回答先看到生物!为什么呢?当然因为生物——主要指动物、植物和一部分长成蘑菇的真菌,是在人类视觉分辨范围之内的。不要说生命大分子了,就是如大肠杆菌这种作为我们身体一部分、酵母这种我们日常生活不可或缺的生物,在显微镜发明之前是没有人知道它们的存在的——因为这些东西太小,超出了人类视觉的分辨范围。由此可见,眼不见的未必不存在。因此"眼见为实"的说法起码对生命世界而言,是站不住脚的。

在短短500年左右的时间中,科学认知的发展让我们知道,在人类感官分辨力之外存在丰富多彩的世界,而我们只不过是这个世界中的一员。有人可能会问,智人从地球上出现至今已经有二三十万年的历史了。这么多年中,没有人知道感官分辨力范围之外还存在着更大的世界,可是智人们还是活下来了,否则也不会有现在的我们。从这个角度看,感官分辨力的辨识范围对于人类生存而言是足够的了。因此,"眼见为实"的说法之所以在古今中外流传下来,也并不是没有道理的。

同一个"眼见为实",从两个不同的方面看,一个推出站不住脚的结论，另一个推出不无道理的结论。究竟哪里出问题啦？其实细心的人稍微想一下，可以发现，认为"眼见为实"站不住脚的结论，侧重点在于"眼见"；而认为不无道理的结论，侧重点在于"为实"，即对人类自身的生存有没有用。这好像有点儿像小时候读过的"金银盾"寓言中的状况。

这么一来，就出现了一连串的新问题：首先，大家都会接受这么一个判断，即"存在"或者"有"和"看见"应该是两回事。换言之，存在的东西不一定被人类看见。但人类尽管只能依赖于"看见"，或者更完整地讲，"感知"来了解自己生存的世界；尽管感官所感知的世界只是自己生存的世界中的一部分，这一部分世界已经足以满足自身生存的需要了！既然如此，人类为什么还会锲而不舍地试图了解那些在感官辨识范围之外的、比如"看"不见的那些并不是非了解不可的"存在"，而且还绞尽脑汁要给出各种解释呢？

再把视野拓展一点，向与人类演化相反的方向去观察，人类只是动物世界中的一个成员。在当下的动物世界中有很多动物（如线虫）根本连特定的感觉器官都没有，有的甚至根本无法自主移动自身（如水螅），它们是怎么活下来的呢？这些不能动的动物配被叫成"动物"吗？它们为什么没有锲而不舍地去了解周边的世界，也无须给出"解释"，却也能活得挺好，繁衍生息几千万，甚至上亿年呢？

0.1 懒人挂饼故事背后的生物学——食物与取食者之间的物理距离该如何解决？

从我在上课和讲座时观察到的受众反应，我猜大概很多人都听过"懒人挂饼"的故事。这个故事之所以如此流传，一般的解释是以主人公为例，说懒的结局就是死，借以警示听故事的人不要懒。那为什么"懒"会导致"死"呢？因为没有东西吃，因饿而死。那么为什么"饿"会致死呢？或者反过来说，人是为了不死而要去找食物吗？这两种表述是等价的吗？

有关人，或者动物，是不是"为了"不死而寻找食物的事情我们会在后面的章节再做进一步的讨论。就这个"懒人挂饼"的故事而言，有一个细节不知道大家注意过没有，就是虽然饼挂在主人公的脖子上，但只有在嘴边的被吃掉，远一点的，因为主人公懒，不愿动，所以吃不到。这意味着什么？在食物和取食者之间，存在物理距离！取食者要吃到食物，必须设法解决与食物之间无法回避的物理距离问题。这么简单的事实，我其实是在前不久才意识到的！

在很多讲述动物的故事（比如《动物世界》之类的科教片）中，几大主题之一，就是动物如何觅食。在"懒人挂饼"故事中，食物在肉眼可见范围之内，唾手可得，可是主人公懒得动，以致饿死。显然，从动物的觅食，到懒人脖子上现成的食物，其间可以发生各种各样的故事。且不说不同动物的觅食方式，单就这张饼而言，在挂到懒人的脖子上之前，就要经过春种秋收、脱粒磨粉、和面烙饼等一系列活动。但所有这些归根到底其实只是在解决一个问题，即弥合食物与取食者之间的物理距离。

目前，在人们讨论生命现象时，有意无意地都归因于基因。可是从上面的分析我们可以发现，食物与基因有关（因为食物是各种生物体），取食者也与基因有关（取食者也是各种生物体），但食物与取食者之间的物理距离，好像与基因无关了——只是一个物理距离而已！可是，如果没有物理距离的弥合，取食者就要被饿死呀。

有人可能会说，觅食是动物的天性。可是动物一定都会觅食吗？在现代社会，大概没有人会把珊瑚虫排除在动物之外。我们知道，珊瑚虫是固着生长的。不会动，自然也无所谓觅食的"天性"。那么它们是如何解决食物与取食者之间物理距离的弥合问题的呢？

我在 20 世纪 90 年代初研究拟南芥突变体 *emf* 的时候，就关注过珊瑚虫，还受珊瑚虫的启发而提出了"植物发育单位"的概念[1]。

---

[1] 白书农，1999，《现象，对现象的解释和植物发育单位》，载李承森主编《植物科学进展（第二卷）》，高等教育出版社，第 52–69 页。后来发现，"植物发育单位"并非我原创。现代植物学奠基人就认为芽是完成生活周期的基本单位（我重新发明轮子，提出了"植物发育单位"的概念），而一棵树是类似一丛珊瑚那样的聚合体。

可是，直到2013年被我们学院的王世强老师邀请在他主讲的"生理学"课程中讲植物生理六七年之后，我才意识到，在动物生存过程中，食物和取食者之间是借助不同的媒介而关联在一起的！

对珊瑚虫之类固着生长的动物而言，食物与取食者之间关联的媒介是水流。在动物个体（取食者）因为肌肉细胞的分化和神经网络的协同而获得移动能力之后，再进一步分化出感官（眼睛这种器官只是在扁虫这种动物出现之后才出现。之前的动物都没有眼睛。图0-3），媒介就逐渐转变为感知食物所特有（对于捕食者而言）的物理或者化学信号——比如借助辨别光或者声这两种物理信号的视觉或者听觉，动物个体可以辨识并追逐食物。嗅觉则是对特定化学属性分子的感知，也被用来作为食物与取食者之间的媒介。

此时，虽然物理距离与基因无关，但演化过程中基于食物与取食者之间的互动所衍生出的双方感官范围，受二者互动有效性的制约而被记录到各自的基因组中，间接地对双方的互动模式产生影响。这就解释了为什么人类视觉和听觉的范围是在上一节提到的那样的区间——因为人类作为取食者的体积，决定了其对食物、捕食者、配偶的感知范围只有与其自身体积匹配才能有效地维持生存。一种生物如果其信号感知范围无法与周边的食物、捕食者、配偶实现有效的匹配，那么在演化的进程中将无法保存下来。

从水流到物理或者化学信号，媒介的迭代使得动物有可能

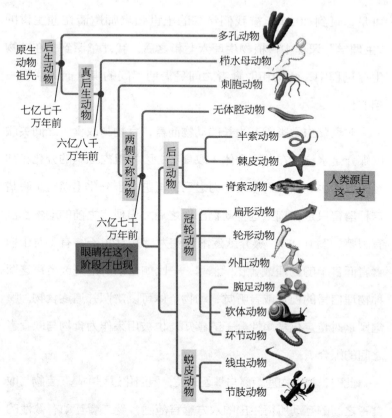

图 0-3 现存动物的大类群及其演化关系

本演化树展示现存动物大类群演化关系的一种主流观点。两侧对称动物被分为三支：后口动物、冠轮动物和蜕皮动物。时间的断代基于近年的分子钟研究。（图修改自 Urry 等 *Campbell Biology* 11 版）

生活到海洋之外更大的空间（尽管陆地面积其实并没有海洋那么大，天空也不是所有动物类群都能去的①），成为地球生物圈中

---

① 会飞的动物被分为三大类：鸟类，约 10 000 种；昆虫，超过 100 万种，绝大部分都会飞，占了动物全部种类的 70%；蝙蝠，约 900 种，唯一会飞的哺乳类。

最为多姿多彩的一大类群。目前一般认为动物有几百万个物种，而植物只有三十多万个物种。可是"信号化"的媒介并不是动物弥合食物与取食者之间物理距离的终极形式。毕竟，无论是视觉、听觉还是嗅觉（其他的味觉、触觉都发生在实体之间直接接触之后，不存在物理距离的问题，故不在此讨论），其感知都是有一定范围的。超出范围，这些媒介就失效了。有没有超出感官感知范围的媒介呢？还真有！

大家一定知道蜜蜂借助跳舞向同伴传递蜜源信息的现象，也知道鸟类彼此之间会通过鸣叫来传递信息，海豚彼此之间也会通过声波来交流。此时的舞蹈、鸣叫、声波所被感知的已经不再是食物、捕食者、配偶本身的特征信号，而是同一居群不同个体之间基于约定的、具有特殊功能含义的符号。比如蜜蜂跳舞时身体的方位、翅膀震动的频率代表蜜源的距离与方向，鸟儿鸣叫与海豚声波的声音高低、快慢、强弱代表取食、逃避或者求偶相关的信息。通过这些约定的符号系统，居群中一个个体可以将其在远方基于信号化媒介感知到的信息，传递到处于信号化媒介感知范围之外的其他个体。不仅如此，这些符号化媒介所承载的信息，还可以在生物不同代际之间传递。显然，符号化媒介大大地拓展了取食者感知食物的物理距离，从而拓展了其取食范围。这对维持物种的生存而言应该是一个有利的能力。

从上面的分析可见，在几亿年的生命系统演化进程中，动物这一大类的生物,在解决食物与取食者之间无法回避的物理距离问题的各种尝试中,表现出了一种媒介的迭代进程——从以水流为代表的实体化媒介,到以物理化学信号感知为机制的信号化媒介,再到以个体之间约定为基础的符号化媒介。借助这些媒介类型的迭代,动物世界不同类群觅食的时空尺度越来越大,觅食对象的多样性也越来越丰富,地球生物圈中不同类型的生命子系统也因为食物网的出现而被越来越紧密地关联在一起。

当然,人类目前所了解到的具有使用符号化媒介能力的动物并不是很多。所幸的是,我们人类就是其中一员。而且,与蜜蜂、鸟类、海豚不同,我们人类因为祖先已经拥有象征符号辨识能力和器物工具创制能力,在言语能力出现之后,三种能力被整合在一起,形成了具有正反馈效应的认知能力。认知能力的出现,使得我们人类(智人)的符号系统得到了爆发式的发展。认知能力表现为观念工具和器物工具,并衍生出不由 DNA 编码的外化生存能力。这种外化生存能力因不受 DNA 化学属性的束缚而得以快速发展,使得其对人类生存和发展的影响很快超过由 DNA 编码的内在生存能力,驱动人类走上了一条与其他动物不同的"认知决定生存"的演化道路,最终与其他动物分道扬镳[1]。

---

[1] 白书农,2023,《十的九次方年的生命》,上海科技教育出版社,第 157–172 页。

0.2 同样是"身在此山",猴子会问香蕉从哪里来的吗?

我相信,目前恐怕没有人能给出这个问题的答案。因为没有人真正知道猴子是怎么思考的——如果它们有思考的话。那么,明明相信没有答案,为什么要提这样的问题呢?

之所以会问这样的问题,主要是因为在我自己的研究经历中,遇到自相矛盾的解释多了之后,就好奇当年人们为什么会对自然现象给出不同的解释。尤其是有一次在和同事讲前面提到的有关花的定义问题的时候,有同事不屑一顾地说,你为什么要纠结这些定义?反正我们做实验的人都知道自己做的材料是什么不就可以了吗?名字都是人给的,为什么要和这些名字(名词)较劲?他的不屑倒是提醒了我:是啊,名词不过是对自然现象的代指,名词的内涵不过是人们对名词所代指对象特征所给出的描述和解释。名词作为符号,用来代指(或者描述)相关实体或者事件,从前面提到的解决食物与取食者之间物理距离问题的角度看是不可或缺的,这一点前面一小节已经分析过了。可是,人们为什么要对自然现象给出解释呢?地球生物圈中那么多的动物,它们好像并不需要对周边事物给出解释也活得挺好的。就算我们不了解它们究竟有没有对事物的解释,对于人类自身而言,就目前所知,起码,我们并不是因为先解释了世界才成为人类的。

从人类历史来看，不知道日心说，不知道水是元素构成的，不知道微积分，不知道生物体的基本构成单位是细胞，不知道基因，完全不妨碍人类作为一个居群的繁衍生息——所有这些在现代人看来与生俱来或者"天经地义"的知识，其实都是在短短的500年时间内被构建出来的。在这500年以前，智人不是早就已经走遍了地球的各个角落，中国人不已经在欧亚大陆的东边这块土地上繁衍生息几千年了吗？如果这么看，纳税人每年拿那么多钱供养我们这些象牙塔（如果勉强还可以叫象牙塔的话）中的教授、研究员们做研究，究竟为了什么？

意识到这一点之后，我对苏轼的《题西林壁》中的名句"不识庐山真面目，只缘身在此山中"有了新的感悟：这句话的要害在一个"识"字！人本来就"生在此山"——"身在此山"是与生俱来的，花鸟鱼虫不都"身在此山"吗？大家本来相安无事，一起在"山"上比邻而居，繁衍生息，为什么偏偏人要去"识"庐山真面目呢？更有趣的是，隐于深山，过渔樵生涯不是古代名士向往的生活，而且被当代学者认为是中国传统文化的象征吗？

从另一个角度讲，生在此山，要想获得更大的生存空间，获取更多的生存资源，走出去，不就可以了吗？如同非洲大草原上角马们的迁徙，或者如人类祖先那样走出非洲；再或者如前面提到的，利用媒介的迭代不就可以了吗？为什么一定要去"识庐山真面目"，或者给自然事物以解释呢？

在反复比较了人类和其他动物的生存方式之后，我终于意识到,从维持自身生存的角度来讲,绝大多数依赖信号化媒介的动物和人类一样(固着生长的、依赖实体媒介的动物不再讨论),都必须能够对周边实体加以辨识,然后对周边实体之间(包括与自身)的关系加以判断,否则无法实现取食、逃避捕食者以及求偶这三种行为。而不能实现这三种行为,一个动物物种就无以为继,将不可避免地消失于地球生物圈。可是,人类进入农耕游牧之后,出现了一个影响深远的创新——追溯实体的由来——因为只能通过培育动植物,从动植物生长的增值部分来获取生存资源,从而不得不去了解作为其食物来源的动植物的生长过程,了解与动植物生长过程有关的周边要素和它们的来龙去脉。不去追溯实体的由来,人们将无法有效地提高借助动植物驯化而获取生存资源的能力。

我相信很多人都听说过钱钟书的一句话:吃到一个味道不错的鸡蛋,何必认识那个下蛋的母鸡呢?绝大部分动物所秉持的其实就是这样一种"态度"——获得食物就够了,为什么要知道食物是哪里来的呢?可是,进入农耕游牧之后的人类就不同了,你是靠养鸡而不是掏野鸡窝而得到的蛋,不知道鸡是怎么长大的,怎么养才能让鸡多下蛋,怎么可能吃得到更多的鸡蛋呢?看来,钱钟书老先生一定没有养过鸡,不知道养鸡的艰辛。

从这个角度看,人类对实体由来的追溯,恐怕远不是满足"好奇心"这种浪漫所能解释的。其源头还是生存所迫。当然,追溯实体的由来不是一个人的事。在居群成员中交流各自的观察和经验可以得到更好的结果。而要在居群成员中交流各自的观察和经验,就不得不对所观察的对象加以描述和解释——毕竟,人们看到的只是实体本身以及其变化。这种实体从何而来,这些变化又是如何发生的,是人们所看不到的。看不到,却不得不依赖它而为生,还得把这些生存技巧传给下一代,唯一的办法,就是借助在采猎时代形成的认知能力,以符号化的媒介,对这些实体及其变化过程加以描述、解释,甚至是演绎——这中间当然离不开想象。这大概就是苏东坡诗中"识庐山真面目"的意义所在吧。

读过贾雷德·戴蒙德的《枪炮、病菌和钢铁》一书的人都会知道,相比于智人走出非洲的六七万年时间,智人进入农耕迄今只有一万三千年,只是很短的一段。换言之,在进入农耕之前,人类的生存模式与其他动物相比,并没有实质性的不同,都是采集果实、种子和渔猎。但这一万三千年,相比于我们现在谈论的"人类文明",或者说是"轴心时代"①出现的各种"古代文明"——比如对当今人类生活仍然在产生深刻影响的环地中海地区的闪米特一神教、印度次大陆上的佛教、黄河流域的儒家文明——还要多出一万年。显然,这一万年时间,足以让生活在不同地域的智人居群积累出丰富的、对各自生境中万事万物来龙去脉的解释(其中绝大部分其实是基于想象的、没有经过或者无法

---

① 轴心时代是由德国哲学家雅斯贝尔斯提出的一个概念,说在公元前800—前200年期间,在欧亚大陆的不同地域,分别出现了对世界的系统解释,比如环地中海地区的闪米特一神教、古希腊苏格拉底为代表的哲学学说、古波斯的琐罗亚斯德宗教、古印度的佛教、古中国的儒家学说等。

被检验的演绎）。这些描述、解释和演绎保留到轴心时代，被一些哲人梳理总结成不同的观念体系。

如果上面的分析是成立的，那么我们可以发现，人类作为一种动物的生存，不得不依赖于食物与取食者之间的媒介。而人类作为一种特殊的动物，对符号化媒介的利用发展到其他动物望尘莫及的程度。借助人类特有的认知能力，人类在走出非洲过程中的采猎，逐步形成了不同于其他动物的策略，即从其他动物的"弱肉强食"——捕食老弱病残者，转而发展出"擒贼擒王"——通过围捕头领而打破猎物的组织，从而提高捕猎的收获。可是这种捕猎模式的转型不可避免地衍生出副作用，即人类所到之处，便于被人类捕猎的大中型动物纷纷灭绝。或许再加上气候变化，其结果就是如著名历史学家汤因比在他的《历史研究》中指出的"没有比成功更大的失败（Nothing fails like success）"。人类的"成功"把自己逼入了只能"吃草"，即农耕的地步。然后又因为依赖农耕游牧而生存，不得不对周边实体的由来加以追溯，给出解释，否则人类将无法获得维持自身发展所需的生存资源。

0.3 古人为什么把火作为一种元素？

前一段时间，上海有学者发表文章报道他们的研究结果，说当今80亿人口的智人，在其祖先的演化进程中，曾经处在只有

1280个个体的境地[1]。换言之，当今这80亿人口，都是当年那1280个个体中的一部分演化出智人祖先后繁衍的后裔。时间再向回追溯十几年（那时的全球人口还没到80亿），当时就有英国和日本的两个实验室分别用另外的方法计算出类似的结果，即他们样品中代表全球人口的基因型，可以追溯到10000个祖先个体。这个结果虽然没有上海学者所揭示的数据极端，但大趋势还是有可比之处。

上面这些数据显然只是用当下的方法，从当下可以获得的样品分析所得出的。随着方法的改变、样品的改变，或许会有新的结论。但有一个事实大概是不会改变的，那就是在只有千、万、最多百万级人口规模的情况下，人类已经发展到一个程度——可以将所到之处的大中型动物赶尽杀绝，从而不得不转换生存模式，从曾经和其他动物一样的采猎，转变为农耕游牧。这说明依赖采猎对象自身的更新速率，无法支撑人类的人口增长。人类只有通过对动植物的驯化，把周边生物转变为可控的要素，通过改变它们的生存方式，获得增值的部分来满足自身生存与发展的需求。任何不希望人口减少到周边生物自身更新速率可以支持的千、万、哪怕百万级人口规模，即社会生存模式退回到和其他动

---

[1] Hu W, Hao Z, Du P, Di Vincenzo F, Manzi G, Cui J, Fu YX, Pan YH, Li H, 2023, "Genomic inferenced of a severe human bottleneck during the Early to Middle Pleistocene transition", *Science*, 381（6661）：979-984.

物一样的采猎状态的人，恐怕都不得不设法维持以农耕游牧为起点的"增值"生存模式。而只要选择了"增值"的生存模式，就无法回避对实体由来的追溯，就不得不在对周边实体加以描述、对实体间的相互关系加以评判的基础上，对实体由来加以追溯和解释，并且在解释的基础上利用和改造。

从今天的认知反观人类演化的进程，人类显然是走上了一条无限扩张的不归路。有人将之称为"贪婪"。可是，如果我们身处当时的情境，我们还有其他的选择吗？没有啊！

回到"解释"的问题。如同人类从采猎进入农耕是一种不得不的选择，对于进入农耕游牧状态之后的人类而言，大家面临的问题就不是要不要"解释"的问题——无从选择，不解释就只能退回到采猎状态——而是如何"解释"的问题。

如果上面的分析是成立的，或者被大家接受，那么可以发现一个非常有趣的现象，即人类驯化的动植物是有限的，很多东西可以在不同地域之间通过交流而共享，因此，栽培和饲养的方式也大同小异，可是有关动植物由来的解释却五花八门。比如，在环地中海地区的一神教文明中，天地万物都是上帝造的。可是在中国，流行的说法却是"道生一，一生二，二生三，三生万物"。至于"道"是什么，却是"可道"而又"非常道"。从这些历史记载中我们可以发现，虽然前面说农耕游牧迫使人类不得不对周边实体的由来加以追溯、给出解释。可是在这些解释中，真正与栽培饲养有关，影响到人们生计的，其实非常有限。

这种有限性可以从两个方面观察到。一方面，直接从事农作和饲养的人其实并不在乎解释。我记得当年下乡，就农活请教生产队长时，得到的回应是"庄稼活不用学，人家咋着咱咋着"（当地方言的"学"字念"xuo"；"咋着"在当地方言中的意思是怎么做。"着"字念"zhuo"，恰好和"xuo"押韵）。现在回想起来，这位生产队长讲的，其实就是模仿。当然，农活要做得好，的确还得心灵手巧。我印象非常深的一件事是，我们同一个知青点的同学模仿当地农民用桶在井里打水，就学得特别好。而我则试过很多次，却一直不得要领。好在有人会打水，我在下乡期间并没有因为不会打井水而没有水喝。

我本科是学农学的。在我的印象中，中国很早就有农书了，比如西汉时期的《氾胜之书》，还有相传在战国时代流传、后来失散的《神农》二十篇等。可是就算是战国时代，迄今也只有两千五百年上下。人类进入农耕有一万三千年的历史。在中国考古可追溯的农耕历史也有七八千年。这意味着，没有农书，人不也得种地、也能种地吗？如果几十年前我下乡时的生产队长作为农活的好手，从未读过农书，靠的主要是心灵手巧的模仿，有农书之前的农民种地，恐怕靠的也是心灵手巧的模仿。其实并不需要解释。

另一方面，被后世推崇为万世师表的孔夫子，他对世界的解释，其实主要是针对人际关系。他不屑于、也的确不了解农耕的道理。《论语》中记录他的话，说有学生问他怎么种庄稼，他说

"吾不如老农",问他怎么种菜,他说"吾不如老圃"。我没有读过《圣经》,不知道《圣经》中有没有关于农耕游牧方法的类似解释。

上一节的分析结论是,人类因认知能力的发展而迫使自己不得不进入农耕,然后不得不对周边事物的由来加以追溯并给出解释,否则就无以生存。可是前面几段的分析却表明,在人类历史上传承下来的对周边事物连篇累牍的解释,起码是那些被后世学者奉为安身立命的学问中,绝大部分却与农耕游牧无关;而与农耕游牧有关的,在形成一定规范之后,更多的是靠模仿的传承,未必需要系统的解释。

与生存资源获取有关的无需太多的解释,而大量的解释与生存资源获取无关(当然和生存资源分配有关),两者的反差(起码在文字记载的数量上)说明什么问题呢?起码说明一点,即历史上留下来的对世界的解释,大部分是与生存资源获取无关的。因此无论是什么样的解释,比如究竟天地万物是来自上帝的创造还是来自"可道"而又"非常道"的"道",对于生存资源获取能力而言,其实是可有可无的。这些对于人类生存资源获取能力而言可有可无的解释(当然,对人类居群秩序构建与维持则是不可或缺的。这一点在这里先不讨论),却使得人们可以皓首穷经、前赴后继地去论证上帝的存在或者"道"究竟是什么,为人类想象力的发展提供了一个与生存资源获取约束无关的无限空间。

人类进入农耕游牧之后与生存资源获取有关的经验(对实

体辨识、实体之间关系的判断、实体由来追溯的结果）在社会发展进程中的有限性和相似性（主要指不同居群之间），和与生存资源获取无关的对世界解释的无限性和多样性，为我们理解前人对世界的解释提供了一个不同的视角：人类对世界的解释是基于描述的，但解释不等于描述。解释一定是在描述的基础上加入了想象。

古代圣贤对世界的描述所能借助的手段是简陋的，所能利用的信息是有限的，因此，在他们基于个人经验所想象出来的解释中，有多少、在多大程度上与实际情况相匹配，这是非常值得质疑的。其实，即使是进入科学时代，人们可以借助实验来检验符号（概念）与其代指对象的匹配度，从而极大增强了解释与实际情况匹配度的情况下，由于实验工具分辨力和实验对象的有限性，解释还是不得不依赖于研究者的想象；而研究者学识的有限性，决定了这些解释不可避免地存在与实际情况不匹配的可能。因此，人们对现象的描述和解释从逻辑上讲仍然是两回事。尽管人类的生存与发展从前人对世界的解释中受益良多，甚至可以说我们当今对世界的认知完全来自前人对世界的解释，我们还是不得不面对这样一个事实：终极而言，尤其在对存在自相矛盾的解释的问题上，千万不能简单地把别人对现象的解释当成现象本身来接受。要了解实际情况究竟是怎么样的，即使自己不做实验研究，也还是应该花一点功夫，去搞清楚前人解释的来龙去脉，千万不可轻信、不可盲从。

举一个例子来论证上述感悟：为什么古人不约而同地将火作为世界构成的基本元素？

在我们的读者中，恐怕没有什么人不知道中国传统文化中"金木水火土"的说法的。大部分对西方文化感兴趣的读者，恐怕也会知道古希腊有关世界构成四元素的说法，即世界是由水、气、火、土四种元素构成的。与此同时，所有上过中学的读者，应该都知道近代化学之父拉瓦锡的名字，都应该知道他的重要贡献之一，就是证明火是氧化过程的表现，从而推翻了在当时占统治地位的燃素说。

对于我们这种经历了专门的研究工作训练的人而言，对自然现象的一种解释被另一种解释替代，已经有一点司空见惯，见怪不怪了。传统的有关世界构成元素及其由来的说法被元素周期表、宇宙大爆炸替代，在我们看来是理所当然的。因此，起码在我的认知过程中，之前从来没有想过古人为什么会把火作为世界构成要素。直到有一次作为博古睿研究院中国中心的学者，参加与哲学家就有关面对生命的时空尺度问题的对谈[①]。

在那次对谈中，我提到生物体的边界其实是模糊的，因为细胞膜是半透的。我们之所以会形成生物体的边界是清晰的，生物与环境是由这种边界区分的观念，完全是因为我们人类视觉对实

[①] http://wenhui.whb.cn/zhuzhanapp/jtxw/20220330/457677.html?timestamp=1648714104557.

体的辨识依赖于光的反差。正是这个契机,即提到视觉与反差这些人所共知的事实,让我恍然大悟:原来,轴心时代的古人把火作为元素并不是因为他们笨(两三千年对于人类大脑信号处理能力的演化而言,时间太短而不足以在生物学层面上产生实质性的变化),而是因为他们所掌握的信息没有后来的人多。更重要的是,他们的认知能力没有发展到可以产生以实验为工具,对符号与其代指对象之间匹配度加以检验的科学认知(一种特殊的双向认知)的阶段。

人类什么时候得以从感官分辨力的束缚中破茧而出,不再只是基于感官经验的想象,而是可以基于对符号与其代指对象之间匹配度的检验来构建对世界的解释的呢?那只能是在约 500 年前的"两镜"发明,以及伽利略时代开创的以实验为节点的科学认知出现之后。

从人类认知本质上无非是食物与取食者之间物理距离的介导媒介的角度看,农耕时代的认知足以维持人类这个居群在"增值"这种生存模式下繁衍生息——因为农耕游牧把其他动植物的生长整合到人类可控的范围之内。可是,科学革命之后短短几百年人类社会的剧变,则展示了一个人们无法视而不见的事实,即突破感官分辨力的束缚,以实验为工具检验作为媒介构成单元的符号与其代指对象的匹配度,不仅为人类生存带来了更大的空间,而且为认知这种媒介带来了之前的传统认知形式所无法比拟的更高的相关要素整合效率!

当然，从以经验（在此特指感官分辨力范围之内的感官经验）为工具，追求认知实用性的传统认知，到以实验为工具，追求认知客观性的科学认知之间，还有一个不可或缺的环节，即以逻辑为工具，追求认知合理性的哲学认知。哲学的本质在我看来，是对概念内涵的辨析、对概念之间关系的梳理、对概念框架的构建和重构。因此，哲学家所要做的事情，类似图书馆的管理员，是人类认知空间的管理者，为我们在后面章节会提到的人类"谋而后动"的行为模式下的行为选择，提供有效的参照系。没有逻辑这个工具，不对不断变化的各种信息不断加以整理，那就算有科学认知的突飞猛进，留在认知空间中的也只能是各种信息碎片，无法成为有效的媒介而为人类的生存发挥其原本应有的功能。

从这个视角反观目前人类有关"性"的解释，前面所出现的各种混乱，是因为信息量不够？还是梳理整合不够？

第一篇
性是与生俱来的吗?

第一篇

地球是否有末世期？

1 什么是"性"

1.1 不同社会成员对"性"话题的反应

我曾经请老师帮我做过一个调查,就是问一下周围的同事、家人、朋友,看看大家谈到"性"时会有什么反应。他们给我的回复非常有意思,大概可以概括为三类:

第一,避而不谈,因为觉得谈这件事情很害羞,所以一般来说好像不太愿意谈这个事情。

第二,觉得好像不需要谈,因为"性"就是和后代繁衍有关的,世人皆知,所以应该没有什么好谈的。

第三,食色性也,说这是人类的天性,就像吃饭一样,性生活是一种追求个人快乐的形式。

虽然这个调查并不是什么专业的调查——历史上其实有不少专业的相关调查，但上述三类反馈还是在很大程度上反映了没有经过生物学训练的公众对"性"这一现象的印象。

我曾经在北大生命科学学院一个同事的课程上讲过一次从"有性生殖周期"这个概念（后面会有专门讨论）来解读"性"的专题。不知道是因为这位老师觉得"性"这个现象不重要，还是对"有性生殖周期"这个概念不认同，或者是其他什么原因，之后就再也没有请我去给他的课程讲这个专题了。在那次课上，我给同学布置了一个课前作业，请他们围绕"性"提出几个问题。虽然都是本科生，但因为是北大生命科学学院的本科生，提出的问题都还挺专业的，而且视角也非常多元和开放。我统计了一下，在选课的54位同学中，有34位提出了共90个问题。合并同类的问题，最后大概有四十几个。这些问题都比较专业，在这里就不细说了。但这段故事说明，有过一定专业训练的人和没有专业训练的人对"性"这个现象的视角很不一样。

如果再换一个角度，我们还能看到"性"现象在公众心目中是一种什么样的存在呢？

在2017年2月，我用搜索引擎检索了下面这些关键词来看它们各自在网络上都有多少点击量。"性"，就是英文"sex"这个词，有10亿多的点击量。另外一个和"性"有关的词，叫作"gender"，就差了好几亿的点击量。与"性"有关的"结婚（marriage）""出生（birth）"分别也只有5亿多和7亿多的点击量。"植物的性别（sex in plants）"只有不到6000万。可以和"性（sex）"相提并论的，达到10亿甚至几十亿级别点击量的，分别是"食物（food）""汽车（car/vehicle）"还有"住房（house）"。看来"食""住""行"是全世界老百姓共同关心的事情〔"衣（clothes）"的排名比较低，没有达到10亿级〕。而"性"居然跻身这一级别的点击量，高于"衣"，不能不说是一个互联网上无法被忽略的存在。

从互联网回到现实生活。在北大20多年从教经历让我有机会发现，同样是本科生，近年的学生与20多年前的学生相比，似乎读所谓经典小说的人少了（或许因为信源多元化了？）。在我这个年龄，从中学同学起算，有类似教育经历的人中，绝大多数都读过一些所谓的经典小说。恐怕大部分人都知道文学有三大主题，即爱情、战争、死亡的说法。这三大主题中，爱情当然与"性"脱不开干系。战争与死亡，也难免男女关系交织其中。显然，只要有阅读经验的人，无论读不读、读多少经典小说，难免会涉及"性"的话题。

如果说文学作品在人们的生活中还算是"阳春白雪"，大众，即"下里巴人"的日常生活中"性"的存在几乎是随处可见：好色之徒、色情交易这些负面的现象不说，在时尚界这种为生活增光添彩的领域，"性感"也是一种被刻意强调的概念。改革开放之后，随着经济发展，现在的年轻人可能很少听到街头巷尾为鸡毛蒜皮的小事破口大骂。在我年轻的时候，这种现象随处可见，而骂架的语言几乎无一不与"性"有关。更不要说在我作为知青下乡时期和后来被招工去工厂时感受到的、本该对我们这些中学生级别的"知识分子"进行再教育的农民工人之间那些以"性"为主题、在我们所受的中学教育中被贬为"低级趣味"的打闹调侃了。

如果说从互联网到现实生活中"性"的无所不在所反映的都只是"当下",是横向的视角,那么从人类历史,即纵向的视角看,"性"同样无所不在。读过古希腊、古罗马神话的人,都会记得其中人物之间错综复杂的两性关系。中国的传说中,也难免牛郎织女、董永七仙女的故事。到了有文字记载的历史阶段,我们可以很容易发现,无论是在西方的基督教时代还是中国的宋明理学时代,社会文化中不约而同地出现了两个相互冲突的主题:一个是禁欲,一个是偷情。两部著名的文学作品大概比较有代表性:西方的《十日谈》,中国的《西厢记》。这两部作品应该反映了当时人们对"性"的观念和态度。

在 19 世纪中后期,随着科学的发展,人们把探索的对象拓展到人类自身与性相关行为的多样性上。因为与性相关的行为多样性存在,人们开始试图解释性的本质、性行为多样性背后的机制及其对人类行为的影响。在被归为"性学(sexology)"的各种对人类性相关现象的描述和解释中,弗洛伊德的学说把人类的心理源头都追溯到"性",更是为"性"在人们日常话语中的存在提供了"学术"上的支撑。殊不知,弗洛伊德的学说从逻辑上讲，不过是把一些难以解释的人类行为，归因到若干他创造的、看上去深奥莫测、实际上无从检测的名词，比如"ego"，比如"libido"，其实就是一般人所谓的"本能"①。可是"本能"是什么？需要给出解释吗？把所有对难以解释的现象归因到若干看似深奥莫测、实则似是而非、无从检测的名词上，这种对难以解释的现象提出一套缺乏证据的解释体系的做法，和在沙滩上建城堡有何不同？

更加吊诡的是，近些年在西方国家中，有人为了强调个人自由，居然对两性这种哺乳类动物与生俱来的生存形式的存在提出疑问甚至挑战。争取个人在自身"性"特征定义上的自主权，成为一种新的时尚。有关个体"性"特征的自我意识问题并不是近年才出现的。在人类历史记录中早已有之。问题是，个体"性"特征的自我意识究竟是一个生物学层面的问题，还是社会学层面的问题？边界在哪里？有没有，甚至该不该有边界？这类问题追根溯源，应该从哪个层面去寻求答案？如果人们对"性"是什么，在生物学层面上的解释都是错的，即缺乏客观合理性的，那还可能在社会学层面上给出具有客观合理性的解答乃至应对方案吗？

---

① "Libido"被译为**本能**，在弗洛伊德心理学上是一个比较抽象的概念。该词还可以被译为"性欲"或者"性冲动"。这种解释比较具体，我们在后面章节会有讨论。

1.2 从哪里去了解靠谱的信息？

在做上面那个有关"性"的问题的调查时，大家给我的反馈之一，是希望我们这些研究生物的人，对"性"是什么给出一个清晰的回答。

那么在当下主流生物学家的眼中，"性"是什么呢？他们对"性"是什么问题的回答，能不能为澄清公众对于"性"的理解中五花八门的疑问提供帮助或者依据呢？

要想了解主流生物学家眼中"性"是什么，我们可能首先需要知道通过哪些途径才能了解到"主流生物学家"的看法。

如果你随便到一所大学生物系或者生物类研究所去找一位具有教授或者研究员头衔的研究者，询问他们对"性"是什么的看法，他们的看法有没有权威性或者代表性呢？在前面引言中讲的故事告诉我们，虽然大家都是生物学领域中的研究者，但术业有专攻，不是所有在大学生物系或者生物类研究所的教授或者研究员都具有必要的专业知识来回答"性"是什么的问题的。当然，在这些专业机构，总可以找到一些专家，给出专业的回答。可是对于公众而言，恐怕不太有机会当面求教——毕竟专家也和我们普通人一样，一天只有 24 小时。他们有自己的工作节奏，不太可能随时当面回答公众的问题。那么，对于公众而言，从哪里能获得"主流生物学家"对"性"是什么的看法呢？

从我个人职业生涯的经验看，要了解科学领域中某一种观点的来龙去脉，除了直接求教于专家外，个人可以获得代表当下主流观点的渠道基本上有三个：第一，被主流大学使用的教科书；第二，发表在主流杂志上与所关注观点有关的研究论文；第三，有信誉的大众科学作家的书或者是有信誉的网站上的相关信息介绍。

当然，这三种获取信息的渠道各有利弊。被主流大学使用的教科书，一般来说，其中的内容是被该领域专家认可的结论，反映了教科书撰写者知识范围内人类认知的发展水平。但教科书中的内容对公众而言存在两个问题：第一，当前生物教科书都是像砖头一样的大厚本。它们主要为教学服务，因此通常偏重系统性，对很多具体问题着墨不多。即使公众有兴趣和耐心去啃这样的"大砖头"，也未必能找到所关注问题的系统答案。第二，现代生物学发展日新月异，教科书中的结论很多会面临新研究发现的质疑。这对教科书中内容的权威性的确带来了无法忽视的挑战。大家在媒体上常常会看到就一些自然现象的解释出现不同观点打架的现象，有时是出于这种原因。对于专业之外的公众而言，由于缺乏对相关知识来龙去脉的了解，很难具备对这些不同观点的判别和选择能力。

发表在主流专业杂志上的研究论文是人类对未知自然探索过程的一种记录，它们最直接地反映了人们探索相关问题的过程。而且通过对研究论文的检索，可以系统地了解人类对相关问题探索的来龙去脉，即在探索过程中如何提出问题，如何回答问题，回答到什么程度,又衍生出什么新问题。从对研究论文的检索,人们可以看到在对相关问题的探索过程中,不同的人有不同的视角,不同的方法,不同的结论——常常会出现截然不同甚至针锋相对的结论。正因为研究论文是人们研究工作的真实记录,所以研读这些论文是从事相关专业研究的人的必修课和基本功。但对于专业之外的公众而言,要从这个途径了解某个问题的"主流"观点,常常是力所不及的——每个人都只有 24 小时,专业研究者都未必读得明白这些研究论文,专业之外的公众有多少时间可以花在这上面呢?

至于第三类渠道,真正的问题在于大家怎么从浩如烟海的信息资源中找到"有信誉"的部分。本来大家希望做的是找到"主流"的观点,可是现在要做到这一点,先得了解哪些信息源是"有信誉"的。作为专业之外的公众,大家根据什么来判断这些信息源哪些是有信誉的,哪些是没有信誉的呢?这其实也是一个看似容易、做起来难的事情。

1.3 主流文献中对"性"的定义

为了帮助大家进一步地理解为什么本书要"为性正名",我想首先要做的一件事,就是基于我的学识,即在上述三类主要渠道中爬梳多年后所获得的信息,把我认为主流生物学界有代表性的有关"性"的定义罗列出来。这些定义尽管看上去不同,但较全面地反映了目前主流生物学界对"性"现象的认知状态。

第一个定义来自 Campbell 和 Reece 编写的《生物学》,这是一本在国际上尤其在美国比较通用的关于生物学的教科书。这本书里关于有性生殖和"性"有关的介绍是这样的:有性生殖是由单倍体的配子融合形成二倍体的合子的产生后代的过程[1]。在这个定义中,"性"是有性生殖过程中的一个要素。换言之,"性"是与一种特殊的生殖过程关联在一起的。

另外一个定义来自一本大家用得比较多的发育生物学教科书,即 F. Gilbert 编写的《发育生物学》。这是一本主要讨论动物发育过程的教科书,自然免不了讨论"性"和有性生殖。这本书对"性"的定义很有意思,认为性和生殖是两个彼此独立的不同过程,生殖意味着有新的个体,而性只意味着基因的组合[2]。大家注意一下,Gilbert 的《发育生物学》与 Campbell 和 Reece 的《生物学》中对"性"的定义是不同的。一个说"性"是有性生殖中

---

[1] 原文如下:"Sexual reproduction is the creation of offspring by the fusion of haploid gametes to form a zygote, which is diploid." 引自 Campbell N. and Reece J., 2004, *Biology.* 7th Ed, Benjamin Cummings。

[2] 原文如下:"It should be note that sex and reproduction are two distinct and separable processes. Reproduction involves the creation of new individuals, sex involves the combining of genes from two different individual into new arrangements." 引自 Gilbert F., 2000, *Developmental Biology* 6th Ed, Sinauer Associates。

的一个要素，而另一个说"性"与生殖是彼此独立的过程。

还有一个定义来自维基百科。我当时检索到的其中对"性"的定义是这样的：很多生物都会特化为雌雄①两类，各被称为一种性②。也就是说，在这里，"性"是一种个体的分类特征。

当然，有关"性"的定义远不止这三种。我在附录中汇总了文献检索过程中整理出来的有关性的不同定义，可以供大家作为了解当下主流生物学界有关"性"这种现象解释的参考。

我相信，大家如果仔细看来自主流教科书和主流专业杂志上不同专家对"性"这一现象的定义，应该可以发现不同专家解读之间的差异——这里还没有涉及动物和植物之间有关"性"现象的差异及其讨论（有关植物的性别问题，我们在后面会专门讨论）。不知道大家注意到没有，无论如何解读，"性"现象本身并不会因为专家的解读而改变。为什么同一个现象，专家会给出不同的解释呢？既然专家都给出了不同的解释，那么缺乏专业知识的公众该接受哪种解释作为自己理解性现象的依据呢？

---

① 在《说文解字》中，"雄"字的注释是"鸟父也，从隹，厷声"；"雌"字的注释是"鸟母也。从隹，此声"。另外，常用的代指性别的字还有公母、男女，在《说文解字》中的注释也很有意思。"母"字的注释是这样的：牧也。从女，象怀子形。一曰象乳子也。"牧"与牛有关，这就解释了为什么公母通常指大动物。男女则单指人类。"男"：丈夫也。从田从力，言男用力于田也。凡男之属皆从男。"女"：妇人也。象形。王育说，凡女之属皆从女。

② "Organisms of many species are specialized into male and female varieties, each known as a sex." 引自 http://en.wikipedia.org/wiki/Sex.

2
最初的细胞没有"性"

无论从人类的感官经验还是从现代科学的研究，当我们讲到"性"的时候，一般所指的都是同一种生物中不同个体的特征。比如，人们会讲牛的公母，鸟的雌雄，人的男女，植物也有"雌雄"之分：结果实的树或者花被称为"雌"的，而不结果实的树或者花被称为"雄"的（至于不同的果实之间再分公母，那不过是坊间的无稽之谈）。从这种角度看，似乎凡是生物都有性别。可是，蘑菇不也是生物吗？有没有人知道，蘑菇分雌雄吗？我是没有听说过。

不只是蘑菇，还有细菌呢？病毒呢？病毒算生物吗？如果算，它们有没有性别呢？

在引言中说了很多看似和性别无关的事情，其实只是希望提醒大家一件事，即人类的认知最初是以感官经验为起点，在"两镜"发明之前一直是以感官分辨力为边界的。人类只能以感官所能辨识的实体为对象，对其特征或者属性加以描述和解释。"眼不见者"，当然可以想象，比如牛头马面，但不可当真——因为这些想象与食物和取食者之间的物理距离无关。把它们当真了，有可能会饿肚子（除非有办法让其他人来供养）。

考虑到"两镜"的发明只是近500年左右的事情，而性别概念见诸文字有3000年以上的历史，性别现象为人类所感知，则是与生俱来的。在有了生物都有性别的概念之后，以此感官经验为基础，在"两镜"发明之后，去寻找曾经在感官分辨力之外的生物与性别相关的特征或者属性，就带来了一个全新的问题：以什么为标准呢？在附录中提到的学者对性别的定义中，就有著名的统计学家、群体遗传学奠基人之一 Ronald Fisher 的观点：既然生物都是两性的，自然不可能有学者去研究为什么会出现三种以上的性别[1]。

既然有关性别的区分以及概念，是在早年人类基于感官分辨力，对多细胞真核生物的观察中形成的，这就成为人类认知发展中无法跳过的一个阶段。在亚里士多德对世界的观察和分类中，

---

[1] "No practical biologist interested in sexual reproduction would be led to work out the detailed consequences experience by organism having three or more sexes, yet what else should he do if he wishes to understand why the sexes are, in fact, always two?" Fisher, 1930, *Genetical Therory of Natural Selection*, The Clarendon Press.

他曾经把世界万物分为四大类：矿物、植物、动物、人。这种分类方式一直延续到布丰的博物学。为什么会将世界万物分为这四大类（姑且不论其分类标准是不是具有客观合理性）呢，原因很简单：这些都是在人类感官分辨力范围之内可以被分辨的。超出感官分辨力（尤其是"眼见"）范围之外的"实"，自然不在其讨论范围之内。

时至今日，随着人们对周边实体认知能力的发展，亚里士多德早年对世界万物分出的四大类，已经被大致地归并为两大类：生物（包括但不只是植物、动物、人）和非生物（即矿物）。如果按照目前人们所掌握的知识，有一点是比较得到公认的，即我们人类赖以生存的宇宙在大爆炸之初，不要说没有生物，连生物构成所需的最基本元素碳都没有，自然也没有矿物。那么从逻辑上讲，没有生物也就无所谓"非生物"。虽然在现代人类讨论物理现象时，会用阴阳来讨论电流的正负，但这种阴阳显然与性无关——尽管在对生物的性相关现象描述中，常常也会用到阴阳这样的符号。由此可见，讲"性"的问题，本质上是生物的问题，与非生物无关。当然，我在美国做博士后时了解到，美国人有时会把电源插座称为雌的（female），而把插头称为雄的（male）。那显然是一种类比，不必当真。

既然"性"的问题本质上是生物的问题，那么什么是"生物"呢？

2.1 什么是"生物""生命""活"——逆流而上还是顺流而下？

不知道大家在前面的阅读过程中，有没有思考过一个问题：中、西古代先贤把火作为构成世界的元素，是因为当年的认知能力缺乏足够的分辨力，同时先贤的想象也缺乏必要的信息量。那么是不是有关"性"现象的解释上出现莫衷一是，也是因为认知能力的分辨力不足和想象所需的信息量不足呢？难道"两镜"发明 500 年后，人类科学认知发展而带来的知识爆炸，还没有为解释"性"这种人类与生俱来的自然现象提供足够的分辨力和信息量？是不是有可能我们现在已经积累了足够的高分辨力信息量，但传统的思维定势束缚或误导了我们的想象力，使我们没有找到合适的信息整合方式，从而没有找到合理的解释呢？这有点儿像孩子们玩的拼图，零片都在那里，图案细节之间的关系也都有迹可循，可是在没有参考图的情况下，怎么才能把零片拼成原来的图呢？从拼图的例子可以看到，参考图实际上为快速完成拼图提供了一个引导。可是，如果参考图用错了呢？有关"性"现象解释上的莫衷一是，有没有可能是传统的思维定式出现误差所造成的呢？

回顾历史，我们可以发现，因思维定式的误差而造成解释上的莫衷一是屡见不鲜——从创世论，到地心说、燃素说、以太说，等等。从人类认知能力发展进程的角度看，出现后来被证明是错误的解释不仅不足为奇，而且还应该让我们这些后人心存感激——因为，如果没有这些解释（无论对错），后人就无以检验，人类的认知空间也就无法拓展。当然，如前面所提到的，在对先贤的解释（无论对错）心存感激的同时，我们也不得不清晰地意识到，他们和我们一样，也是人，也可能会出错，从而需要对他们的解释心存疑问。尤其是在发现先贤的解释出现莫衷一是的情况，而搞清楚实际情况对于自己的工作甚至生活又特别重要时，我们可能就需要仔细梳理先贤解释的来龙去脉，找出莫衷一是的症结所在。或许这将有助于我们跳出传统的思维定式，对自己所关注的现象找到切合实际的解释。

从这种心态出发，反观"性"的现象，本章引言部分提到"性"现象本质上是生物的现象，而谈到"生物"，却又出现了蘑菇有没有雄蘑菇和雌蘑菇之分，或者细菌有没有雄细菌和雌细菌之分的问题。如果蘑菇没有雌雄之分，而且细菌没有雌雄之分，那是不是可以说，并不是所有生物都有"性"呢？或者说"性"现象是生物演化到一定阶段才出现，并不是伴随生物的出现而"与生俱来"的呢？

如此看来，要为"性"是什么的问题找到一个合适的答案，先得问"生物"是什么。

"生物"是什么？这个问题似乎不应该是个问题。起码在城市居民中，每个孩子从牙牙学语开始，就被告知了不同生物类型的名称与特征。我自己从 1978 年春开始，因为学农而以生物作为自己的工作对象，至今也 40 多年了。在很多年间，我自己从来就没有意识到"生物是什么"应该是一个问题。即使有人提出这个问题，我也觉得答案是不言自明的。甚至在 2016 年我开始讲授"生命的逻辑"课程时，我都还没有认真思考过"生物（organism）"和"生命（Life）"这两个概念之间究竟有什么不同。直到 2017 年应一位朋友之邀去他的公司讲我对生命的理解时，才第一次意识到，在对非生物专业的公众讲"生命"是什么这个问题时，区分"生物"和"生命"两个概念好像还是挺重要的。即使如此，我当时还是没有意识到，"生物"这个词虽然在汉语中出现得很早，但英语中的"organism"其实是一个到 19 世纪中期，人们发现动植物都由细胞构成后，才被用来代指包含动物和植物的一个词①。在此之前，在西方世界的生物学研究中，动物和植物研究虽然有相互比较，但基本上是自成一体的。

进一步的思考让我意识到，所谓的动物、植物或者生物，在早期人类对周边实体辨识过程中，只是周边实体中的一部分。它

---

① 尽管 organism 一词 17 世纪便出现了，但那时该词主要指"将各个相互依存的部分组成一个整体"（http://www.etymonline.com/cn/word/organism）。但到了 1842 年之后，organism 一词才被用于代指"活着的动物或植物，展示有机生命的身体"（living animal or plant, body exhibiting organic life）。

们只是因为某些独有的特征,尤其是与人类自身的生存直接相关的那些特征——作为人类的食物或者人类的威胁(猛兽或者吃庄稼的害虫),至多是人类工具创制的原材料——而有别于其他实体。亚里士多德在做植物、动物、人的分类时,显然已经超越了与人类生存直接相关的特征(食物、捕食者、原材料),而在尝试寻找其他的,更为普适或者"本质"的特征。他当时以具有生长、感知、理性三种不同的"灵魂"分别作为植物、动物、人的特征而区分于没有"灵魂"的矿物。

文艺复兴之后,人们开始从被经院哲学正统化的亚里士多德自然观中挣脱出来。得益于1500年前后兴起的大航海,欧洲人极大地拓展了对自身生存空间的认知。历史的机缘巧合,驱动欧洲的学者响应培根的新工具论思想,不再如经院哲学所崇尚的、局限于文本来寻找真理,而是走向大自然,通过对周边实体的观察、描述,加上归纳、演绎来寻找自然背后的规律。在早年以布丰为代表的博物学基础上,逐步出现了林奈的分类系统,出现了拉马克的演化思想。这些对千姿百态的各种"生物"分门别类的观察、描述,在经过归纳之后,不可避免地出现了对它们之间共性的追寻(如同进入农耕之后,人们不可避免地要去追溯实体的由来)。这种大趋势的结果,就是进入19世纪之后细胞学说的出现和达尔文演化理论的出现。前者为当时所描述过的所有生物提供了一个共有的结构和功能层面的基本单元,而后者则为多样性生物彼此之间的关系及其由来,提供了一个在当时最有说服力的解释。

19世纪中后期，尤其是进入20世纪之后，大量数理化学家携他们各自领域的新技术和新思路闯入生物学研究领域。实验在揭示生物的结构与功能方面扮演了越来越重要的作用。这不仅为人们了解生物提供了越来越高分辨力的信息，还让该领域的研究者越来越不愿接受物理学家给自己戴上的"集邮者"的帽子，认为自己完全有资格如传统的物理学家一样，跻身于"科学家"的行列。于是，各大学或者研究所纷纷抛弃"生物学（biology）"这个标签，为自己选择了一个更加时尚的"生命科学（life science）"称号。

的确，人们根据"子肖其父"的现象而认定生物体内一定有什么因素决定不同种类特征的直觉不是空穴来风。在19世纪中期对遗传本质的各种猜测中，孟德尔的遗传因子学说最终脱颖而出。DNA分子作为遗传信息载体的现象被证明之后，人类可以借基因工程来高效改变生物特征，甚至创制全新的生物类型。可是，这些突飞猛进的发展，回答了"生物是什么"的问题了吗？

基于今天生命科学的研究成果，我们可以说，生物是由细胞作为结构和功能的基本单位，不同生物是由不同基因指导细胞分裂和分化发育而成的。可是细胞是哪里来的？基因是哪里来的？先有基因还是先有细胞？如果说DNA是一种生命大分子，那么如在引言中提到的，究竟是先有生命大分子还是先有生物？为什么会有基因和细胞？对于人类这样的"多细胞生物"，为什么细胞分裂过程中产物细胞不是各奔东西而要聚生在一起？

如果稍微再追问一点更加学术化的问题，即生物是被创造的，还是自然生成的（创造论 vs 生成论）？生物是如同一架机器在运行，还是需要"活力（vital force）"来驱动（机械论 vs 活力论）？我们是把生物拆解成其构成组分就可以自然理解其构成机制，还是生物之为生物不仅限于对其组分的理解（还原论 vs 整体论）？这些不同解释之间的争论伴随人类对生物的观察、描述而生。而且，自从现代生物学出现以来，这些问题就始终是研究者寻找生物和非生物之间区别，或者为"生物是什么"这个问题提供具有逻辑合理性的答案所无法回避的问题。现在找到答案了吗？就我所知，并没有。

以创造论 vs 生成论的争论为例。现代生物学的发展的确推翻了上帝创世的说法。可是，否定上帝创世的说法，就可以自动肯定生物是自然生成的吗？对这个问题，达尔文和巴斯德就提供了两个不同的解答。达尔文的猜想是生物起源于温暖的小池塘；而巴斯德则斩钉截铁地说细胞只能来自细胞。两个回答都有问题：达尔文的猜想并没有回答"如何"的问题——毕竟，细胞实在是一个太复杂的结构，的确很难想象这么复杂的结构究竟怎么就从没有结构的组分自发形成了；可是巴斯德的回答则为创造论开了一个后门——那么复杂的细胞结构既然无法自发形成，这样就不得不假设一个创造者。这些无法回避的基本逻辑问题迄今没有答案，大概有两种可能：第一，我们对生物的认知还不到位；

第二，这些学术化的问题从一开始就提错了。

我猜，大概所有本科学过生物相关课程的人都会对上面的几个争论有所耳闻。我自己接触这些问题是在读研究生之后。或许因为农学院的教学内容更加偏重操作，从课程设计上就不涉及这些问题吧。在读研究生遇到这些问题之后，它们就在我的工作中挥之不去。这些问题一方面为我带来困扰，另一方面也是我思考生命本质的一个驱动力。

很多人或许真的经历过"山重水复疑无路，柳暗花明又一村"的感受。我在参加博古睿研究院中国中心组织的"当科学与人文一起面对生命"对话时，提到细胞膜的半透性、人类视觉的分辨力、为什么人们会把火作为世界构成要素等问题时，忽然意识到，原来，有关生物的创造论 vs 生存论、机械论 vs 活力论、还原论 vs 整体论的问题，源头其实是我们自身的感官分辨力对生物辨识的限制！作为演化的结果，我们人类所观察的周边实体，最初都是和我们自身一样的演化产物。如图 2-1 所示，我们和我们的观察对象处在同一个演化进程的截面上。它们的形成过程完成于被我们观察到之前。我们在问"生物是什么"这个问题，包括上面提到的各种衍生问题时，其实是在问人类出现之前发生的事件或者过程。可是，在生命系统的演化过程中，人类所在的截面上所能看到的都是演化进程中的幸存者，它们的祖先都消失在了演化的进程中。尽管这些年来演化生物学家一直试图重建达尔文提出的"生命之树"，可是人们怎么才能有效地从已经消失的实体存在中找到其与现生生物的关系呢?从目前对生命系统所掌握的信息看,有关现生生物是演化产物的解释是目前能够想象的最有客观合理性的解释。如果以此为前提,那么要了解现生生命系统的由来,就可能有两种途径。如果以长江溯源做比喻,一种途径类似站在长江入海口逆流而上,另一种是从各拉丹冬雪山融化的水滴顺流而下。两种途径哪种更容易接近真相呢?

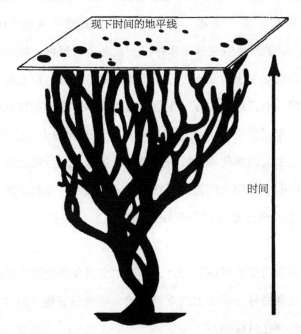

图 2-1 "生命之树"的一种图示。强调人类是以现存的生物为对象推导生物之间的演化关系(图引自 Stephen Gould 的 *Wonderful Life* 一书中图 1.16B)

2.2 生命 = 活 + 演化

如果上一节对人们认识生物历程的简单梳理大致反映了真实情况,那么在历史上,最先进入人类视角的就是可以靠感官分辨力辨识实体的动物和植物,即"生物"。"活(live,其中的 i 发 ai,长音;或者 alive)"只是这些实体之所以区分于其他实体、从而可以被称为"生物"的属性。而所谓的"生命(living,life)",似乎就是指这些实体存在的状态或者过程。如果说农耕以后人类认知中出现了一个追溯实体由来的内容,那么对于人们可以分辨,而且赖以生存的生物,自然免不了会问此物从哪里来的问题。学过生物学的人常常把这类问题的起源追溯到达尔文。其实,达尔文的演化理论只是人类一万多年来对生物这种实体由来追溯中的一种现代回答。问题是早就出现了,而且追溯的基本逻辑,绝大部分是以现存生物为对象,如站在长江入海口逆流而上。

有没有可能反其道而行之,如达尔文当年提出的小池塘假说那样,从各拉丹冬雪山上的水滴开始,顺流而下地"跟踪"生物的起源与演化过程呢?

达尔文时代显然是不可能。原因很简单:那时对生物是由什么东西搭起来的还所知甚少。目前大家在中学生物学中就学到的"细胞是生物体的结构与功能单位"的概念,是在 19

世纪中期才真正形成的。达尔文《物种起源》第一版中虽然有"细胞（cell）"这个概念，但在多数情况下是用来指类似蜂巢中的小孔这类小空间（虽然他那时已经了解了细胞学说的存在）。

可是，经过之后一百多年很多人绞尽脑汁、想方设法对生物体结构的拆解后，我们现在终于基本上了解了生物体结构的基本元件。如同面对一个被拼搭好的乐高模型。如果人们想了解这个模型是如何被拼搭的，要做的第一件事，就是把这个模型拆成最简单的零配件，然后再看这些零配件是如何拼搭起来的。就我的知识范围，我认为，目前人们对生物体结构的拆解，已经拆到了基本零配件的程度了。具体的知识因为篇幅的关系，我们在这里不加赘述。

如果人们目前的确已经把生物体的结构拆到了基本零配件的程度，那么意味着，我们其实已经站到了各拉丹冬雪山，看到了即将汇入滚滚长江的点点水滴甚至涓涓细流。那么，这是不是会激发人们如达尔文当年提出"小池塘"猜想那样，尝试一下"顺流而下"的可能呢？

我在之前的学习和研究经历中遇到过有关生命现象的各种自相矛盾的解释。因此在北大安顿下来之后，就很有兴趣去追溯一下"生命"究竟是什么。真是感谢北大这个精英荟萃的地方，让我有机会以各种形式开拓视野，激发思考。最后，遇到志同道合的朋友，一起提出了"'活'是什么"，从"顺流而下"的路径来回应著名的"生命是什么"的问题[1]。

我们认为，在地球上，先有"活"的过程而后有"生物"。"活"是一个特殊组分（碳骨架分子）在特殊环境因子（如地球上的温度、气压、水、pH等）参与下的特殊相互作用。所谓"特殊相互作用"，特指特殊组分之间以分子间力（如氢键、范德华力等）而关联的相互作用。我们将这个过程简称为"三个特殊"。这个过程实际上是两个独立过程被基于分子间力的特殊组分互作而成的复合体偶联起来的非可逆循环。其中的第一个过程是从自由态组分顺着自由能下降的方向，基于分子间力形成的特殊组分复合体的自发形成过程；第二个过程，则是周边环境因子打破分子间力而造成上述复合体扰动解体的过程。因为复合体自发形成和扰动解体过程都是动态的，复合体在这个动态过程中具有一定的存在概率，这样的过程就被我们定义为"活"的过程。在这个过程中，复合体是一种新出现的结构，而"特殊组分"自发形成复合体背后的动力是自由能下降，复合体扰动解体则是周边环境因子的动态变化对分子间力的破坏，因此我们又将这个非可逆循环称为"结构换能量循环"（图2-2）。

当然，结构换能量循环是一种单调的过程。尽管我们可以将其定义为"活"，但单凭这个过程不可能在地球上衍生出五彩缤

---

[1] Bai SN, Ge H, Qian H, 2018, "Structure for Energy Cycle: A unique status of the Second Law of Thermodynamics for living systems". *Science China Life Sciences*, 61（10）: 1266–1273.

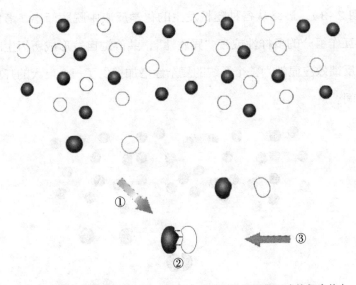

图 2-2　结构换能量循环：以 IMFBC（分子间力为纽带形成的复合体）为节点耦联的两个自发过程的非可逆循环

　　黑球、白球代表不同的碳骨架组分。箭头①：柔性碳骨架组分顺自由能下降或浓度梯度方向自发形成复合体；虚线②：分子间力（如氢键、范德华力等）维系复合体稳定；箭头③：周边环境因子所携带的能量打破维系复合体的分子间力，形成复合体的组分恢复独立存在状态，整个系统进入循环，是为"活"。"活"的 5 个必要条件：1.异质的柔性碳骨架组分；2.浓度；3.复合体；4.分子间力；5.适度环境开放。

纷的生物圈。可是，考虑到碳原子有 4 个化学键，在特殊组分借彼此之间的分子间力形成复合体的同时，另外的方向还有空余的化学键可以用于形成其他的、更复杂的结构。根据目前对生命分子研究的了解，我们认为，如果存在合适的条件，在上述复合体基础上，完全有可能在互作的特殊组分上自发形成共价键。一旦共价键形成，上述结构换能量循环会因为互作组分的复杂化而衍生出正反馈效应，即提高结构换能量循环的发生和保留概率

(图2-3),最终从各种随机发生的化学反应中脱颖而出。考虑到互作组分的多样性或者"异质性",共价键自发形成所衍生的正反馈效应显然为整个系统的复杂性增加提供了一个巨大的开放空间。

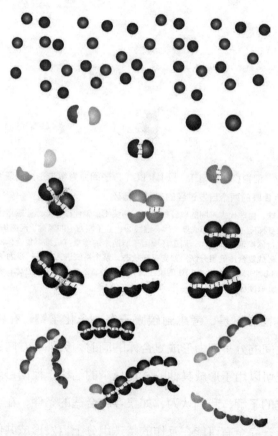

图2-3 在IMFBC前体上自发产生共价键并形成正反馈

图中两个IMFBC之间的爆炸图标表示在自/异催化条件下,自发产生共价键。共价键一旦形成,IMFBC⁺相比于IMFBC具有更多的形成IMF的机会,最终形成链式分子。

那么，上面的推理和人们目前熟悉的生物演化理论之间有什么关系吗？如果我们将达尔文的演化理论理解为对现存生物由来的追溯，而这些生物的源头被猜想为"温暖的小池塘"，那么我们上面所提到的因为各种偶然性而在复合体基础上自发出现共价键，从而使得结构换能量循环获得正反馈属性的过程，完全有理由被认为是最早的一种"演化"机制。

基于上面的分析，我们对"生命是什么"这个问题提出了一个不同的回答，即

生命 = 活 + 演化

其中，"活"就是前面提到的结构换能量循环。这个过程的出现当然是一个随机事件，而且并不意味着"生命"的出现，但它是整个生命系统的起点。而"演化"的最初形式，就是在作为结构换能量循环节点的复合体基础上，特殊组分中共价键的自发形成（当然需要自催化或者异催化的条件）。共价键自发形成为整个结构换能量循环的相关要素带来了复杂化的最初动力和无限空间。在"活"的前提下，整个系统复杂度不断增加，这个过程就是"生命"。我们人类感官分辨力可辨识和无法辨识的那些"生物"，就是这样一个生命系统演化的结果——这些生物中的绝大部分早在人类出现之前就已经存在于这个地球上。从这个视角看，对于生命系统而言，先有"活"而后有"生物"。"活"不是

"生物"区别于其他人眼可辨实体的属性,而是"生物"之所以能出现的前提。环境因子不是与生物相对的存在,而是生命系统不可或缺的构成要素。生命系统是地球上一个自发(开放)、动态(随机)、可迭代的物质存在的特殊形式。

对于很多习惯于传统生命观的读者而言,上面有关"生物""生命""活"的定义可能算是离经叛道说。因为篇幅的关系,在这里无法展开论证。有兴趣的人可以参阅拙著《生命的逻辑——整合子生命观概述》或者其精华版《十的九次方年的生命》。

2.3 细胞与肥皂泡

在上一节提到的两本书中,我们论证了在历史上那么多令人敬仰的前辈想方设法拆解出来的生物体构成基本单元/零配件基础上,以结构换能量循环为起点,顺流而下地推理出当今地球生物圈五彩缤纷的生物体是如何"拼装"出来的。在这里展开介绍具体论证过程对于此书主题而言一定是喧宾夺主。但是,考虑到有关"性"现象的主流解释中所出现的"基因组合"和"传宗接代"之间关系的纠结(见第一章),我发现要讲清楚"性"的问题,除了需要在上一节中提到的对"生物"及其由来给出清楚的界定之外,还需要对于细胞这种生命系统基本单元的来龙去脉做一点简单的介绍。

在主流生物学的观念体系中，细胞分裂一般被理解为数量增加的路径。这常常是人们直觉地认为生物"为了"传宗接代的一个依据。可是我们提出生命系统的主体是生命大分子网络，而细胞是被网络组分包被的动态单元[①]。支持这个论点的基本事实，一个是研究者发现，磷脂可以在水中自发地形成囊泡（专业的名词是脂质体），另一个是所有生物的细胞膜都是由磷脂和一些蛋白质为基本组分构成的，而磷脂和蛋白质都是生命大分子网络中的组分，即生命大分子合成与降解子网络中的代谢产物。

之所以要强调细胞是被网络组分包被的生命大分子网络的动态单元，主要是因为从这个视角看，我们可以很容易发现，细胞分裂之所以发生，并不是细胞"为了"传宗接代。细胞分裂其实是这种特殊的生命大分子网络的动态单元得以维持而不得不出现的结果。

为了解释上面的结论，我们可以借用 1917 年一位苏格兰学者 D'Arcy Thompson 有关细胞分裂的肥皂泡模型[②]。他认为一

[①] 生命大分子网络以可迭代的结构换能量循环为连接，在酶这类具有催化活性的生命大分子出现之后，以不同类型的生命大分子为节点自发形成。生命大分子网络有两种存在形式：一是生命大分子合成与降解网络，其中包括了以 DNA 为"图纸"、快速拷贝为形式的蛋白质高效生产流水线；一是生命大分子复合体聚合与解体网络，表现为各种细胞膜、细胞器。详细论述参见白书农，2023，《生命的逻辑——整合子生命观概论》，北京大学出版社，第 127–150 页。

[②] Thompson D., 1917, *On Growth and Form*. Abridged by Bonner J. T., 1961, Cambridge University Press.

个细胞可以类比于一个肥皂泡。在他的类比下,大家可以想象,不断往肥皂泡里吹气,会出现什么结果。我曾经想过,大概是三种结果:一种是肥皂泡爆掉,那么我们将不再有肥皂泡;一种是如街头杂耍艺人那样,把肥皂泡吹成一个巨大的泡泡,而这似乎在生命系统中没有看到类似的存在;再一种就是一个泡泡分裂为多个泡泡。

如果我们将细胞视为被网络组分包被的生命大分子网络的动态单元,那么细胞膜可以类比于肥皂泡的膜,而生命大分子网络中作为连接的、具有正反馈属性的结构换能量循环,则可以类比于向肥皂泡中吹的气——只不过这种"气"是生命大分子网络自发的而不是外来的(这里主要是在原理层面上讨论可能性,具体机制当然要复杂得多)。在这种情况下,我们可以发现,中学几何中学到的表面积和体积增加速率分别是二次方和三次方的规律,决定了细胞因自身网络正反馈属性而出现体积扩张时,体表比会出现变化——随着体积变大,表面积相对变小。这不仅会带来细胞膜对网络扩张的抑制,更重要的是会因为表面积相对变小而削弱作为网络连接的各种结构换能量循环相关组分的跨膜流动效率。如同向肥皂泡吹气的第三种结果,细胞分裂可以化解网络正反馈属性驱动的生长所衍生的体表比恶化的副作用。

D'Arcy Thompson 有关细胞分裂的肥皂泡模型时运不济。他的书出版之际,生物学的热点是摩尔根的遗传学。他从数学角度描述生物学过程的思路受到了冷遇。直到 21 世纪初的 2003

年,在国际主流科学杂志《自然》(Nature)上才又有人撰写文章,主张重视 D'Arcy Thompson 在近百年前提出的思想。尽管如此,保持合适的体表比在主流的生物学教科书中一直是对细胞分裂效应的一种解释。只是整合子生命观的解释更进一步——提出细胞分裂并非细胞"为了"传宗接代而出现的机制,而只是维持自身稳健性(robustness)的一种机制。细胞分裂之后的数量增加,不过是稳健性维持机制的副产物。如同上一节讲到"活"是"生物"形成的前提,而不是"生物"区分于其他人眼可辨实体的属性一样,把细胞数量增加视为细胞分裂这种网络稳健性维持机制的副产物,不仅可以为细胞分裂现象提供一个合理解释,同时也不再需要源自感官经验的、看似符合直觉的细胞分裂"为了"传宗接代解释中的目的论内涵。

3

真核细胞、两个主体与有性生殖周期

如果上一章有关"生物""生命""活"的讨论言之成理,那么我们可以发现,从结构换能量循环这个起点开始,到生命大分子网络被其网络组分包被形成细胞,并因而出现细胞分裂,这一漫长的演化进程中,没有任何迹象表明,生命系统中的任何形式具有可以被归入"性",即"雌雄"差异的特征。

以上一章谈到的"细胞",即被网络组分包被的生命大分子网络动态单元为例。虽然这里谈到的细胞形态是一个推理的结论,即一种以结构换能量循环为起点,在该循环中作为节点的复合体基础上自发形成共价键之后,衍生出正反馈自组织以及其他属性的特殊物质存在形式,但在现存地球生物圈的生物类型中,的确可以找到符合这种推理结果的实例,这就是大家熟知的大肠杆菌、蓝细菌之类的单细胞原核生物。虽然有实验证据表明,在不同的单细胞原核生物之间可以形成一些细丝作为渠道，交换一些包括 DNA 片段在内的生命分子，但没有证据表明单细胞原核生物类群，如大肠杆菌或蓝细菌中，成员细胞之间会出现有规律的细胞融合——我曾专门向研究原核生物的专家求证过，原核细胞的确一般不发生细胞融合——更不要说在成员细胞之间会分化出稳定的特征而被区分为不同的交配型了。从这个意义上讲，在现存地球生物圈的生物类型中，至少在单细胞原核生物中没有"性"现象的出现。

如果上面的判断是对的，即"性"并非一个生命系统与生俱来的属性，那么，"性"是什么时候在生命系统中出现的呢？

3.1 真核细胞的起源与两个主体性的出现

要讲清楚"性"是什么时候出现的，还得花一点篇幅讲一下地球生物圈中为什么会出现真核生物。

包括我们人类在内的动物、植物和真菌（如蘑菇之类）都属于多细胞真核生物。既然有多细胞真核生物，那么如果追根溯源的话，一个自然的问题就是有没有单细胞真核生物？然后顺理成章地追问，单细胞真核生物是怎么来的？就目前人类对生命系统的了解而言，我们可以确切地知道，单细胞真核生物是有的，比如在我们日常生活中发面、酿酒的酵母菌，以及经常被中学生物老师使用的草履虫，都是单细胞真核生物。可是，单细胞真核生物是怎么来的？单细胞真核生物是如何变成多细胞真核生物的？这些仍然是有待研究者去揭开的谜团。

先把尚无定论的单细胞真核生物起源问题搁置一下。既然人们知道单细胞真核生物的存在，我们马上可以做的事情，就是比较单细胞真核生物与单细胞原核生物之间存在什么差别。这一点，其实是我们读者朋友在中学生物学中就学过的：细胞核的有无、细胞结构复杂程度的高低（比如真核细胞中有明显的细胞骨架和内膜系统，而原核细胞中没有），以及真核细胞中有线粒体、叶绿体之类的细胞器，而原核细胞中没有。总的来说，真核细胞的内部结构比原核细胞要复杂；而且，真核细胞的体积一般而言比原核细胞要大一个数量级。

既然真核细胞比原核细胞内部结构更复杂，而且体积更大，那么如果按照我们前面讲的，细胞是被网络组分包被的生命大分子网络动态单元，这个动态单元的大小和结构都是生命大分子相互作用的结果，那么一个很简单的推论就是，真核细胞中生命大分子的数量、种类、互作方式，要比原核细胞中多！如果这个推论是成立的，那么马上就会引发一个问题：真核细胞中比原核细胞多出来的生命大分子数量和种类来自哪里？注意，此时把真核细胞起源的问题做了拆解，变成一个更具体的真核细胞中比原核细胞多出来的生命大分子的来源问题，而不再是笼统的真核细胞的起源问题。

目前，一个在学术界被广泛接受的真核细胞起源假说是内共生假说。这个假说认为，迄今十几亿甚至二十多亿年前，不同的原核细胞①相遇并发生融合。融合之后，一类原核细胞被作为另一类原核细胞的组成部分，但保持相对的独立性，成为后来的真核细胞中的线粒体或叶绿体。这种由两类不同的原核细胞融为一体而形成的新型细胞，就演化为后来的真核细胞。

　　尽管内共生假说目前得到很多实验证据的支持，而且可以解释真核细胞中比原核细胞多出来的生命大分子的数量、种类、互作方式的来源——合并了其他细胞——但这个假说目前却没有办法回答一个问题：细胞核是从哪里来的。

　　对细胞核的起源问题，如果我们考虑到细胞作为一个生命大分子网络的动态单元，而网络本身具有正反馈自组织的属性，有没有可能出现这样一种情况，即生命大分子网络自身的运行过程中出现了不对称或者不平衡的正反馈，产生了富余组分——相比于原核细胞数量更多、种类更复杂的生命大分子。这些富余组分对原有生命大分子网络的平衡带来了扰动。可是如果阴差阳错，这些富余的生命大分子通过自组织衍生出新的结构（新的互作方式），比如细胞核、内膜系统、细胞骨架，一方面通过生命大分子复合体的形成重建了生命大分子网络的动态平衡，化解了

---

① 包括前面提到的类似大肠杆菌和蓝细菌之类的原核细胞，又被称为真细菌；以及对绝大多数人而言非常陌生的古细菌。

扰动；另一方面，这些新的结构为生命大分子网络带来了新的属性，增强了网络连接的效率和运行的稳健性，最终形成了真核细胞呢？我将这种可能性称为真核细胞起源的"富余组分自组织假说"，这一假说是基于一些一鳞半爪的实验观察而构建的，总体而言还远不是被学界认真讨论的假说（充其量不过类比于达尔文的"温暖的小池塘"假说）。但我们在思考生命系统演化时，面对无法回避的真核细胞与原核细胞的差别，以及我们人类作为其中一员的多细胞真核生物的起源，尤其是要回答"性"是何时出现的问题时，如果不能为真核细胞起源提供一个言之成理的假说，我们该如何推进对这些问题的探讨呢？

真核细胞中生命大分子的数量、种类、互作方式比原核细胞多，而且体积比原核细胞大一个数量级的事实，其实还可以引发另外一个问题，即如果前面讨论过的肥皂泡模型中涉及的细胞分裂是维持合适体表比的机制，那么，为什么真核细胞体积居然可以比原核细胞高出一个数量级而不在体积增加的过程中分裂呢？

这个问题据我所知也没有明确的答案。但有一点我们是知道的，即在原核细胞中，生命大分子网络运行的调控有一点儿类似人类社会中的部落秩序，即不同的部落成员都可以看到头领，并对头领的决策产生影响。具体而言，即在生命大分子网络的运行过程中，基因表达可以直接受到代谢产物的调控——当然，基因表达产物也调控代谢过程（比如操纵子模型）。在真核细胞中，生命大分子网络的调控则有点儿类似人类社会中的中央集权秩序，即社会成员的行为都受到统一指挥，社会成员常常看不到头领，自然也难以对头领产生影响。具体而言，细胞核中的基因表达是整合细胞生命活动的调控枢纽，DNA 在细胞中被叠床架屋地保护起来（包括 DNA 与组蛋白结合形成染色体、染色体又被包被在核膜之中）。细胞生命活动的特征很大程度取决于细胞核中基因表达在时、空、量上的变化。生命大分子网络的调控模式从原核细胞中的类似部落的形式转变为类似中央集权的形式，从结构上变得更加集约——细胞内出现更多、更复杂的生命大分子复合体结构，在调控机制上变得更加优化——细胞内出现以细胞核中 DNA 为中心的"自上而下"调控枢纽。或许正是结构的集约化与调控机制的优化，使得真核细胞得以在更大的体积基础上形成新的体表比平衡。

从目前所知的生命活动速率指标的比较上看，比如真核细胞的细胞分裂速率、DNA 复制速率、RNA 转录速率和蛋白质合成速率都比原核细胞要慢。这或许是上面提到的新的体表比平衡的表现。相对缓慢的细胞分裂和与之相关的其他生命大分子网络运行速率的变化，为真核细胞的分化提供了全新的空间。这或许正是真核细胞这种相对于原核细胞的演化创新得以维持并衍生出多细胞真核生物的优越性所在。

在生命系统的演化进程中，每一次的演化创新都是化解系统稳健性所面临威胁而不得不出现的变化中，那些具有正效应的变化被保留下来的结果。这些演化创新常常又会衍生出新的变异，从而产生新的副作用。真核细胞相对于原核细胞的集约、优化优势，不可避免地会衍生出副作用。其中一种副作用就是，面对变动不居的胞内外相关要素，以位于细胞核中被叠床架屋保护起来的 DNA 为中心的"自上而下"调控枢纽该如何有效应对呢？

可以想象一下，如果 DNA 序列频繁地变化，那么就如同人类社会中决策者朝令夕改，真核细胞本来具有的集约、优化的优越性就无从谈起。可是，维持 DNA 序列免受周边要素影响的叠床架屋保护机制，又的确会降低 DNA 对周边相关要素变化响应的敏感性。这种两难的情况该如何解决呢？

目前看到的结果是，在真核细胞中衍生出了一种全新的机制，即虽然单个细胞仍然是实现生命大分子网络运行的动态单元，但在一个由真核细胞分裂产物所形成的细胞集合中，不同细胞中的 DNA 序列会出现一些差异。这些差异如十八般兵器，在应对不可预知的周边相关要素变化中各有所长。于是，虽然单个细胞可能适合于一种相关要素的状态而不适合另一种，但对于细胞集合来说，则是"兵来将挡，水来土掩"，无论相关要素如何变化，总有一些细胞可以存活下来。这不就化解了上面提到的真核细胞的集约、优化优越性与对周边相关要素变化响应敏感性下降的副作用之间的两难困境了吗？

这种生存模式是如何出现的，目前人们并不清楚。但相比于原核生物中一个细胞既是生命大分子网络运行的动态单元，又是响应周边相关要素变化的主体，在单细胞真核生物中，生命大分子网络的运行和对周边相关要素变化的响应这两种功能分别由两个主体承担：单个细胞主要是作为网络运行的动态单元，而细胞集合成为对周边相关要素变化的响应主体。考虑到环境因子（即周边相关要素）是生命系统的构成要素，一个生命大分子网络如果无法有效地整合周边相关要素的变化将无法维持自身的存在，我们将作为网络运行主体的动态网络单元，即单细胞称为"运行主体"（到了多细胞真核生物中，动物个体则是"行为主体"，见下一章讨论），而细胞集合称为"生存主体"。

于是，在原核生物中，生命系统存在形式是单一主体的形式，即单细胞，到了真核生物，哪怕是单细胞真核生物中就变成了两个主体的形式，即单细胞和细胞集合。两个主体同等重要，缺一不可。不仅如此，相对于原核生物而言，真核生物应对周边相关要素变化的响应机制，在保留原有的以单个细胞为单位的网络柔韧性（resilience）的基础上，还增加了一个以细胞集合为单位的 DNA 序列多样性的全新机制。这显然是真核细胞形成过程中衍生出来的一种演化创新。

3.2 有性生殖周期——两个主体之间的纽带

下面的问题就来了，如果真核细胞的存在需要两种主体，那么两个主体之间是如何被关联起来的呢？对于喜欢追根溯源的人，可能还会问，DNA 分子是相对稳定的，在碱基序列排布方式上自然突变的概率在原核细胞和真核细胞中会有差别吗？如果没有差别，真核细胞的细胞集合中会出现那么多的 DNA 序列变异吗？如果没有那么多的 DNA 序列变异，细胞集合中会出现应对周边相关要素变化的"十八般兵器"吗？如果需要更多的 DNA 序列变异，真核细胞有什么独特之处，可以产生比原核细胞更多的 DNA 变异呢？

不知道有没有人曾经直面上面的问题而给出过答案，我倒是误打误撞地因为对植物单性花的发育过程是不是性别分化过程的研究而找到一个解释。和前面提到的把结构换能量循环称为"活"，把在结构换能量循环两个独立过程偶联节点复合体基础上自发形成共价键称为"演化"，把细胞视为被网络组分包被的生命大分子网络动态单元，用"富余组分自组织"作为真核细胞自发形成的可能机制之一一样，我找到的解释也是一个还没有被学界认真讨论的假说，但似乎言之有据、言之成理，可以作为回答上述问题的一个选项。

我给这个解释起了一个名字，叫"有性生殖周期"。找到这个解释并没有用全新设计的实验。只是在对单性花研究中发现的很多自相矛盾解释不满的驱动下，对目前生物学知识体系中，大家耳熟能详的多细胞真核生物的生活周期进行比较和归纳，找出其中共有的节点，然后再回到单细胞真核生物中，看看是不是存在类似的节点。在单细胞真核生物中找到这些共有的节点后，再看构成的生活周期运行过程所需要的条件。最后发现，单细胞真核生物中生活周期的完成，本质上是一次经过修饰的细胞周期。这个"经过修饰的细胞周期"中的修饰事件或者过程，是真核细胞特有的（即在原核细胞中没有的），被周边相关要素变化所形成的胁迫驱动的。正是这一由不同的修饰事件或者过程整合在一起所形成的"有性生殖周期"，不仅成为将真核细胞生存所需的两个主体关联在一起的纽带，而且还成为真核细胞的细胞集合中 DNA 序列多样性的一个全新的重要来源。

有关"有性生殖周期"概念形成的来龙去脉算是一个比较学术的问题。之所以在这里提这个概念，是因为正是在这个概念中，我们可以找到"性"是什么，以及"性"在生命系统中是何时出现的合理解释。为了帮助大家从这个角度来理解"性"的问题，有必要在这里简单地介绍一下"有性生殖周期"概念中所涉及的一些生物学术语的内涵，然后介绍一下这个概念的一些要点。

在理解有性生殖周期概念所需要了解的生物学术语中，首先是细胞的"倍性"。

学过中学生物的读者应该都还记得，构成人体的绝大部分细胞（即体细胞）中，正常情况下都有 46 条染色体。这 46 条染色体分为两套，每一套是 23 条染色体。在这 23 条染色体中，有 22 条和另外一套中的相应染色体是配对的。另外一条有点儿特殊——在女性的细胞中，这一条和另外一套的相应一条类似，被称为 X 染色体，换言之，女性细胞中有两条 X 染色体；但在男性的细胞中，这两套染色体中各自的第 23 条，一条是 X 染色体，而另一条则是短了很多的、被称为 Y 的染色体。在精细胞或者卵细胞中，则只有一套染色体，精细胞中的第 23 条不一定是 Y 染色体，而卵细胞中的第 23 条一定是 X 染色体。精卵细胞因为只有一套染色体而被称为单倍体；那些拥有两套染色体的细胞则被称为二倍体。

由于人体细胞中的 X、Y 染色体和人类男女特征相关，历史上又被称为性染色体。哺乳类动物都有性染色体，但其他很多动物，如爬行类却都没有性染色体。这就是在本书前言中提到的，我为什么会对我的同事把性染色体作为性别分化的必要条件而感到吃惊。

从人体细胞中单倍体和二倍体细胞各自所占比例来看，显然是二倍体细胞为主。可是人类是真核细胞演化到很晚阶段才出现的生物类群。在真核细胞最初出现时，究竟应该是单倍体还是二倍体？目前没有见到确切的答案。但人们知道的是，当下地球生物圈中能看到的单细胞真核生物，绝大部分都是以单倍体细胞为其主要存在形式。而且，这些单倍体细胞可以完全正常地进行大家熟知的有丝分裂，即在细胞分裂过程中，染色体被复制，然后平均地分配到两个同样是单倍体的产物细胞之中。

第二个术语就是"细胞融合"。

在前面讨论真核细胞起源问题时，我们已经提到两个信息：

第一，目前已知原核生物一般不发生细胞融合；第二，目前有证据支持的真核细胞起源的内共生假说的前提，是作为真核细胞前体的细胞具有细胞融合，即两个细胞融合成为一个细胞的能力。换言之，真核细胞之所以能出现，其前提条件应该是祖先细胞具有细胞融合的能力，否则不可能出现内共生。

或许大家平时很少接触"细胞融合"这个概念，但我们的读者一定都听说过受精，即精卵细胞融合成为合子，或者叫受精卵的过程。受精过程的本质就是一次细胞融合。基于对当下地球生物圈中的真核生物——无论单细胞还是多细胞真核生物的了解，尽管不是所有的真核生物（尤其是单细胞真核生物）都会出现精细胞和卵细胞的分化，但所有的真核生物都有细胞融合的能力。

第三个术语就是细胞的"减数分裂"。

减数分裂是所有学过中学生物学的读者都知道的一个概念——一个二倍体细胞经过两次核分裂，最后形成四个单倍体细胞。所谓"减数"，指的就是细胞中染色体数目减半。细节就不必去追究了。按照这种对减数分裂的定义，不知道大家有没有想过这个问题：一次减数分裂发生后，如果没有细胞融合的跟进，使得单倍体细胞恢复为二倍体，减数分裂还可能在演化进程中保持吗？如果减数分裂在真核细胞演化进程中只发生一次而不再发生，这种现象还能在当今地球生物圈中被观察到吗？如果大家的答案是否定的，那么应该可以接受这样一个推论，那就是减数分裂和细胞融合虽然是两个独立的细胞学事件／过程，但两者之间一定要以某种形式被关联起来。否则要么减数分裂不可能被保留到现在，要么二倍体细胞很难在人类这种多细胞真核生物中成为主导的存在形式——因为二倍体细胞可能因细胞融合而形成多倍体。

有了上面几个生物学术语之后，我们可以设想在单细胞真核生物中会出现如下情况：有一个二倍体细胞，在正常的相关要素分布状况下，可以按照前面提到的肥皂泡模型，借助细胞分裂而维持网络动态单元的稳健性。可是，在相关要素的种类、数量出现变化，对动态单元中的网络结构产生扰动（胁迫）的情况下，有可能会诱导减数分裂的发生——在酵母中，减数分裂就是碳源匮乏而诱导的。如大家在中学生物学中学到的那样，减数分裂与有丝分裂的诸多不同之一，在于前者会出现染色体的交换和重组，其结果是 DNA 分子中碱基序列的排列出现改变。在这种情况下有可能诱导出新的胁迫响应能力。于是，在变化了的相关要素分布状况下，那些能存活下来的单倍体细胞应该是具有新的胁迫响应能力的细胞。如果这些具有胁迫响应能力的单倍体细胞彼此相遇、融合，不就把对变化了的相关要素分布特点的整合能力保留到新的二倍体细胞中了吗？

可以想象一下，一个细胞如此，一个细胞集合呢？同一类真核生物的不同细胞之间都具有融合能力。在细胞集合的不同成员之间各自拥有的应对周边相关要素变化的特点，不就在减数分裂和细胞融合这两个事件/过程的关联中被共享了吗？前面提到的真核细胞的两个主体不就以这种形式被关联到一起了吗？

可是，事情并没有止步于此。我们知道，减数分裂过程中染色体的交换和重组具有一定的随机性。作为减数分裂的产物，单倍体细胞之间的相遇在一个细胞集合的不同成员之间也有一定的随机性。如果相同基因型的两个单倍体细胞相遇并融合，其产物细胞中显然不会出现 DNA 序列的改变。可是如果随机变异的染色体因为随机相遇而不断增加 DNA 序列的变化，那么用不了太长时间，作为生命大分子网络调控枢纽的 DNA 序列将难以稳定地存在，这个物种可能也就难以维持了。

从人们对真核生物所做的研究结果来看，在目前所知的真核生物中，无论是单细胞的还是多细胞的，在减数分裂产物细胞中，都被做了特定的分子标记。这种标记保障减数分裂的产物细胞只能在同种的、但被标记为不同类型的单倍体细胞之间融合。这种标记的分子机制和种类在不同的真核生物中各有不同。在酵母菌中，减数分裂的产物细胞被分为 α 和 a 两种类型。在四膜虫中，则被标记出 7 种类型。在单细胞真核生物中，这些被标记为不同类型的单倍体细胞在外形上常常没有显著的不同，但这些分子标记对单倍体细胞的融合都具有辨识和限制的功能。在多细胞真核生物中，减数分裂产物细胞一般只有两类。而且这两类细胞常常会出现细胞外形上的显著差异，比如精细胞和卵细胞。

一般而言，考虑到被标记为不同类型的减数分裂产物细胞最终的结果是在不同类型之间发生细胞融合，形成二倍体细胞，因此，人们把这些被做了分子标记的，然后因为各种因素诱导分化到可以彼此融合状态的单倍体细胞统称为"配子"[①]。由于从人类观察的角度，是先看到雌雄个体中的配子细胞有外形上的差别，并与外形不同的个体之间存在相关性，因此将不同外形的配子对应于其来源个体的特征，分别称为雄配子（精细胞）和雌配子（卵细胞）。对那些后来发现的单细胞真核生物中没有细胞外形差别的配子，也根据最初研究者的习惯将它们标为＋、－，或者简单地给出特定的名称，比如酵母菌配子中的 α 和 a。尽管有因物种不同而衍生出的命名不同，有一点是大家共同接受的，即无论在细胞外形上有没有可以辨识的区别，具有不同分子标记的减数分裂产物细胞，都被称为"异型配子"。注意，是类型（分子标记意义上）的"型"，而不是形状的"形"。异型配子的存在，一方面使得同种的不同配子细胞之间得以被识别，另一方面也使得只有在不同配子型之间才可以发生细胞融合。这在保持 DNA 序列多样性和稳定性的平衡上具有重要作用。

　　加上对减数分裂产物细胞的分子标记之后，我们发现，在单细胞真核细胞中存在的两个主体，即作为运行主体的单细胞和作

[①] 在很多单细胞真核生物和多细胞真核生物，比如苔藓和蕨类植物中，减数分裂产物细胞并不马上分化为配子状态。而是会如同其他的二倍体细胞一样，执行生命大分子网络动态单元的运行功能。然后在特定条件下才被诱导分化形成配子。因此，一般而言，减数分裂产物细胞尽管都带有特殊的与其他不同配子间识别、融合相关的分子标记，但并不等同于执行融合功能的配子。

为周边相关要素变化响应主体的细胞集合，可以通过减数分裂、异型配子形成和细胞融合（受精）这三个发生在单细胞层面上、密不可分的事件／过程被关联在一起。由于这三个密不可分的、发生在单细胞层面上的事件／过程以二倍体细胞为起点，经过减数分裂将一个二倍体细胞变成四个单倍体细胞，又经过细胞融合将两个单倍体细胞融为一个二倍体细胞，其净结果是一个二倍体细胞变成两个二倍体细胞，从细胞数目的变化上相当于一次普通的有丝分裂。因此，借有丝分裂又被称为"细胞周期"的习惯，我将这个过程称之为"有性生殖周期"，视为一个经过修饰的细胞周期（图 3–1）。

3.3 "性"的词源学——"分"：从动物的雌雄异体到所有真核生物的异型配子

讲了真核细胞的起源和真核细胞两个主体之间的联系纽带，可以回答"性"是什么及其如何起源的问题了吗？

不知道大家读到这里，会不会觉得有点儿奇怪——难道"性"的问题要从细胞层面讲起吗？可是"性"难道不是男女、公母、雌雄之类从人类到其他生物，在个体层面上出现的特征吗？一定要追溯到细胞或者基因的层面上才能给出答案吗？

的确，人类在知道自身由细胞构成以及细胞中有 DNA、蛋

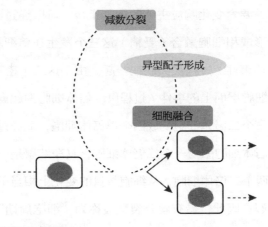

图 3-1 有性生殖周期图示

下部由直线关联的 3 个带灰色椭圆的圆角长方形代表从 1 个细胞（左侧）经过有丝分裂形成 2 个细胞（右侧）。右侧虚线箭头表示类似的细胞分裂可以周而复始地不断进行，形成所谓的"细胞周期"。中间由深灰色虚线串起来的 3 个模块，表示在有丝分裂的起始（左侧）和产物（右侧）细胞之间，插入了减数分裂、异型配子形成和细胞融合这 3 个事件，从而在原有的 1 个细胞变成 2 个细胞的一个细胞周期中加入了自主产生变异的功能，而且还因为只有在不断变化的周边要素情况下活下来的配子才能形成合子，使得这个过程的产物细胞在基因组构成上和起始细胞相比，出现了可以更好地整合周边要素的可遗传差别。这个经过修饰的细胞周期称为"有性生殖周期"。

白质这些生命大分子之前很久，就知道人类分男女、牛羊分公母、鸟类分雌雄。在人们了解人体由细胞构成之后，如前面提到的"追根溯源"的冲动，总有人希望了解"性"这样一种个体层面的特征最终在什么地方被决定——毕竟，人体的大部分结构比如眼耳鼻舌胳膊腿，在男女之间似乎并没有什么实质性的不同。其他动植物也类似。在追溯过程中，一个重要的参照系，就是要搞清楚在人们还不知道自身由细胞构成之前，"性"这个词所指的究竟是什么。如果这个词在个体层面和细胞层面所指的不是同一个东西，也就谈不上"追根溯源"了。

首先，我们来看一下中文中的"性"是什么意思，这个词到底怎么来的。

目前最广为人知的有关"性"字的用法，可能是来自孟子或者与他同时代的告子，叫作"食色性也"。对这个说法的一般解释是，"食"是对食物的需求，"色"指男女之爱，而"性"在这里并非指男女之别，而是指"本性"。如果去查《说文解字》，"性"的解释是"人之阳气性善者"。的确并非男女之别。

现代汉语中"性"字的内涵是什么呢？《现代汉语词典》对"性"字有5条解释。其中一条和生物学意义的性别有关，另一条和性行为有关。

让我们一起看看现在一些被人们认为与男女关系相关的字在古代都是些什么意思。比如上面提到的"色"，在《说文解字》里解释为"颜气"，就是人的容颜或者气色。一个常常用在男女关系方面的字叫"情"。《说文解字》中"情"的解释是"人之阴气有欲者"。我因为追溯与"性"相关的字才发现，大家常说"性情中人"的由来原来在这里。在古汉语中"性"和"情"是一对，都是讲人的状态，和性别、性行为都没有什么关系。

常用于描述男女关系的还有一个字是"爱"。这个字在《说文解字》中的解释是"行儿、惠也"，和相互的帮助有关。另一个字是"媾"，我们在一般文言文里面讲到性行为的时候，会用到这个字。在我看到的和性别或者性行为有关的古汉语里，大概只有这个字的原意是和交配有关。然后是"交"和"配"。我们都知道交配是什么意思。可这两个字在古汉语中的意思分别是什么呢?《说文解字》中"交"是"从大、交胫",而"配"是"酒色"。

从这些检索中我发现,古代汉语中似乎有男女、公母、雌雄这些成对的字就够了。无须用另外一个字来表达这种区分。现代汉语中的"性"用于男女、公母、雌雄之别的含义,应该是从西方文化里引进来的。这个看法是不是有道理,还期待语言专家的指教。

如果现代汉语中"性"这个词中所具有的代指男女之别的意思是从西方来的,那就去查查英文。英文里面"性"有很多词,其中两个词是主要的:一个是 sex,一个是 gender。Gender 一般是在社会学意义上使用,而 sex 是在生物学意义上使用。在 dictionary.com 的网站中可以查到,sex 这个词拉丁文词源的原意是"区分"。

从这个拉丁文词源再来看 sex 的使用,的确,男女、公母、雌雄,不就是"区分"吗?从这个意义上,在知道生物体由细胞构成之前,人类基于感官经验就已经知道同一动物物种中不同的个体,在个体层面上都可以被分为两大类;在知道生物体由细胞构成之后,又知道这种个体层面的区分与其产生精细胞还是卵细胞的差异有关。从这个意义上,用 sex 来表示区分,在个体层面和细胞层面上是一致的。既然在现代汉语中把英文的 sex 译为"性",那么"性"这个字所指的,从其最终的本意而言,就是"区分"。

下面的问题就是,在多细胞真核生物的动植物中,人们可以从基于感官经验的个体层面上的男女、公母、雌雄之别,追溯到细胞层面上的精、卵细胞,那么在人类感官分辨力之外的单细胞真核生物中,"性"所指的又是什么呢?

在前面有关有性生殖周期的介绍中,我们提到,有性生殖周期是一次经过修饰的细胞周期。而从对细胞分裂的介绍中我们又提到,细胞分裂是生命大分子网络动态单元的一种稳健性维持机制,这种机制无论在原核细胞还是真核细胞中都存在。尽管细胞分裂过程中出现了一个细胞变为两个细胞的"分裂",但通常起始细胞和产物细胞之间并没有实质性的不同(无论是原核细胞的分裂还是真核细胞的有丝分裂)。从这个角度看,用 sex 中的"区分"涵义代指细胞分裂显然是不合适的。

那么在有性生殖周期中作为"修饰"而出现的三个独立的细胞学事件 / 过程,即减数分裂、异型配子形成和细胞融合中,哪个适用于 sex/ 性所蕴含的"区分"涵义呢?

首先,细胞融合(即多细胞真核生物中的受精)显然不适用,因为这个过程是两个细胞融为一体。然后,减数分裂适用吗?在历史文献中,的确有人用减数分裂来界定 sex。可是,如前所述,减数分裂的功能主要是将二倍体细胞变为单倍体细胞,同时因为染色体的交换重组而增加 DNA 序列的变异。交换重组的随机性，决定了其四个产物细胞之间差异的不确定性。因此，将减数分裂作为 sex 一词所指的"区分"，缺乏清晰的可辨识对象，也不应该被视为 sex 所代指的对象。于是，最适用于 sex 一词所蕴含的"区分"涵义的细胞学事件，就是异型配子了。无论异型配子是两类、三类、七类还是更多，不同的分子标记使得这些单倍体细胞之间彼此区别。

现在，终于可以回答"性"是什么和"性"是如何起源的问题了：从细胞层面上，"性"所指的，就是异型配子。由于只有在真核细胞中才出现异型配子这种现象，因此"性"是一种真核生物中特有的生物学现象。

相比于第一章中介绍的主流生物学界有关"性"的定义，我们这里的定义要简明很多。这是因为我有什么新的实验而带来了什么新的发现吗？并没有。大家从上面的叙述可以看出，得出上述对"性"的新定义，只是对既存的信息做了不同的梳理和整合，在"有性生殖周期"这个概念基础上推理的结果。

第二篇
生物世界中的性别分化与性行为

4

性别分化与"性"是一回事吗?

上一章中,我们通过对真核细胞起源和有性生殖周期的分析,把历史上人类基于感官经验而对作为多细胞真核生物的动植物同一物种中不同成员之间在男女、公母、雌雄上的区分,即"性",与单细胞真核生物中异型配子的区分建立了关联,为"性"这个概念的内涵及其起源,在定义层面上提供了一个普适而且自洽的基础。可是新的问题出现了:对于动植物这些多细胞真核生物而言,被人们用来做不同个体之间区分的所谓"第二性征"和异型配子是同时存在的。比如一个男性个体,其身体中既有异型配子中的一种,即精细胞,又有构成被辨识为男性特征的其他细胞及其衍生特征,比如胡须、喉结、相对更加低沉的声音和更加强壮的肌肉等。如果说"性"指的是肉眼看不见的异型配子,那么那些被人们用来区分男女个体的肉眼看得见的第二性征相关细胞又是怎么回事呢？它们与异型配子之间是什么关系呢？

要回答这类问题，我们不得不先花一点篇幅，介绍多细胞真核生物是如何起源的。

4.1 多细胞真核生物的由来

其实，和生命起源、细胞起源、真核细胞起源的问题一样，目前生物学界对多细胞真核生物的起源也没有被大家公认的解释。可是，要为一些多细胞真核生物特有的现象给出合理的解释，人们不得不基于目前的研究，提出一些假说。否则，后续的解释就无法展开。

目前，地球生物圈中被人们发现的多细胞真核生物基本上有三大类，即植物、动物、真菌。三大类多细胞真核生物从形态特征到生存模式都存在非常大的差别。相比于构建真核细胞起源的假说，提出一个多细胞真核生物起源的假说要困难很多。但有一个推论是比较容易得到现有生物学证据支持的，那就是多细胞真核生物是单细胞真核生物的迭代产物。

目前已经有一些生物学证据可以用来支持这个推论。比如从古生物的发现推论，在地球上单细胞真核生物的出现早于多细胞真核生物[①]。从生活周期的比较看，无论是单细胞真核生物还是多细胞真核生物，它们都有有性生殖周期，而且有性生殖周期中的减数分裂从细胞行为到调控基因都具有高度的保守性。从形态建成过程的共同特点看，三大类多细胞真核生物中的多细胞结构，都可以被看作是在有性生殖周期的三类核心细胞——二倍体细胞（合子）、减数分裂细胞（或者叫减数分裂前体细胞，即将要进入减数分裂的细胞）、配子前体细胞（即将要进入配子分化的细胞）——之间的两个间隔期，即从合子到减数分裂细胞，以及从减数分裂产物细胞到配子前体细胞的转换发生之前，细胞分裂所形成的多个细胞聚集而成的插入结构。比如，在动物发育过程中，合子开始分裂之后会形成一个细胞团。这个细胞团中，一部分二倍体细胞特化，作为将来进入减数分裂的前体细胞（专业的说法叫生殖细胞系），在后续分化中进入减数分裂，并进一步形成特定类型的异型配子，成为完成有性生殖周期的载体；而大部分二倍体细胞则变成之后成为动物个体不同器官组织的细胞。在植物发育过程中，合子开始分裂之后所形成的细胞团会全部进入形态建成过程的组织、器官分化。只是生长到特定的阶段，在特殊的体细胞结构（专业术语叫孢子囊）中会被特殊条件诱导产生减数分裂前体细胞，进入减数分裂。与动物不同的是，植物中减数分裂的产物细胞会分化成为孢子，可以被散播到体外（如苔

---

① 张昀，1998，《生物进化》，北京大学出版社。

藓和蕨类的孢子与种子植物的小孢子）。散播到体外的孢子可以独立生活，形成单倍体的多细胞结构。在苔藓中，人们肉眼可辨的植株体主要是这种单倍体的多细胞结构。在这些单倍体的多细胞结构中，又进一步分化出特殊的结构，在苔藓和蕨类中被称为精子器和颈卵器。在这些特殊结构中，单倍体体细胞被诱导分化为精细胞和卵细胞，即我们前面提到的异型配子，最终完成有性生殖周期。

　　基于上述分析，我们可以认为，多细胞真核生物是在单细胞真核生物生活周期，即有性生殖周期的基础上，在三个核心细胞之间的两个间隔期中插入了多细胞结构而形成的。图 4-1 是这种推理的简单图示。虽然这种推理其实并没有真正解释多细胞真核生物的起源机制，但起码为解释多细胞真核生物中，作为有性生殖周期中一个节点的异型配子和其他形成肉眼可见的第二性征相关细胞之间的关系，提供了一个言之成理的解释框架。

　　有了图 4-1 所示的多细胞真核生物中"性"所代指的异型配子和与第二性征相关细胞之间关系的解释框架后，我们就可以对两种类型细胞之间的关系展开进一步分析了。考虑到植物、动物、真菌三大类多细胞真核生物的多细胞结构从形态特征到生存模式都存在非常大的差别，我们只好对它们进行分类讨论。在这里，先从我们人类所属的动物开始。

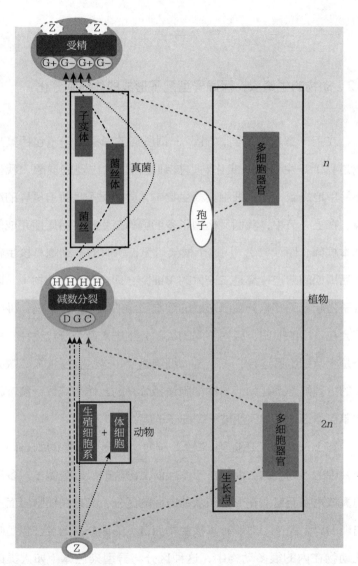

图 4-1　在有性生殖周期的三个核心细胞之间的间隔期插入多细胞结构而形成多细胞真核生物

Z：合子（zygote）；DGC：二倍体生殖细胞（diploid germ cell）；H：单倍体细胞（haploid cell）；G+、G−：配子（gamete）；$2n$ 显示区块为二倍体细胞；n 显示区块为单倍体细胞。

4.2 动物的生殖腺：保障异型配子形成的体细胞分化

在上一章我们提到，"性"一词所指的异型配子（包括其形成过程）是生命系统演化到真核细胞阶段才出现的现象。我们还简单地提到，在单细胞真核生物中，异型配子是胁迫诱导的结果。在上一节中，我们又提到了多细胞真核生物生活周期完成的基本框架（图4-1）。从这个框架可见，所有的多细胞真核生物生活周期的起点，都是二倍体的单细胞，即合子。在动物中，以合子为起点的细胞分裂所形成的细胞团中的细胞，在不同物种中都会在不同的时间、因为不同的机制分别进入两个分化途径：一个是生殖细胞系途径，一个是体细胞途径。这些将要进入减数分裂的生殖细胞系是如何与体细胞途径分开的？作为减数分裂产物的单倍体细胞是如何变成异型配子的呢？

在上一章我们还提到，"性"作为"区分"所指的既是同一物种中的不同个体/细胞在个体层面上出现的雌雄个体（对多细胞真核生物而言）在形态和功能方面的区分，又是在细胞层面上出现的异型配子（对所有真核生物而言）的区分；而且在包括哺乳动物在内的很多动物中，这种区分与异型染色体（如人类的XY染色体）有关。在很长时间中，我一直以为异型染色体是异型配子的决定因子。可是，在对相关文献进行系统调研之后，我才意识到，异型染色体中携带的相关基因，并不直接决定生殖细胞系向特定配子类型的分化，而是决定体细胞途径中生殖腺的分化。异型配子是在生殖细胞系迁移进入生殖腺后，在其中进一步分化的结果。

在绝大部分动物的胚胎发育过程中，都会形成一个生殖腺原基。这个原基的进一步分化存在两种可能：或者形成精巢，或者形成卵巢。决定生殖腺原基分化方向的机制在不同的动物中是不同的。在爬行类动物中，温度决定生殖腺原基的分化方向。而在哺乳类动物中，则是携带在异型染色体上的基因决定生殖腺的分化方向——携带 XX 染色体的合子分化出的胚胎中，生殖腺一定是卵巢；携带 XY 染色体的合子分化出的胚胎中，生殖腺一定是精巢。相应地，在胚胎发育的原肠期随细胞迁徙而进入生殖腺的生殖细胞系的后续分化方向，受到其所在生殖腺的影响——进入卵巢的生殖细胞系在经过减数分裂形成单倍体细胞后，会进一步分化为卵细胞，而进入精巢的生殖细胞系在经过减数分裂形成单倍体细胞后，会进一步分化为精细胞。

由此可见，对于动物而言，虽然在个体层面上的雌雄区分、细胞层面上的异型配子区分，乃至那些具有异型染色体（性染色体）的动物染色体类型之间存在彼此呼应的相关性，但从异型配子的分化机制上看，异型染色体所直接决定的，是来自体细胞的生殖腺的分化。异型配子是因为不得不在生殖腺中完成分化而间接地受到异型染色体的影响（当然，异型染色体对异型配子形成的影响机制在不同生物中有很大的差别。在这里只能从一般性原理的角度来讨论)。从这个角度看,既然异型染色体会决定作为体细胞的生殖腺分化,那么会不会对其他的体细胞分化产生影响呢?就我的知识范围而言,没有看到异型染色体直接影响其他体细胞分化的报道。但有一点是确定的,即以生殖腺为中心而衍生的、携带不同类型生殖腺的个体中激素种类和含量的不同,是雌雄个体之间出现可以被人类感官所区分的特征的主要原因。这也是近年人们从各种媒体上看到变性人改变其第二性征的基本原理。

基于上面的分析,我们可以清楚地看到,和在单细胞真核生物中看到的"性"所代指的异型配子的区分或者异型配子形成过程不同,在多细胞真核生物中,区分雌雄个体的相关特征都源于体细胞中的特殊类型——生殖腺的分化,并不来自与异型配子形成直接有关的生殖细胞系的分化。当我们说一个动物个体是雌的还是雄的时候,虽然从其完成生活周期所承担的功能角度是指这个个体将来是提供精细胞还是卵细胞,但从作为区分特征的个体形态、结构来看,其实是体细胞的分化,而且其源头是体细胞途径中生殖腺的分化。

虽然基于上述分析,动物中"性别分化"这个概念所指的,首先应该是体细胞分化,但这种体细胞分化与其他体细胞分化不同,其核心功能是保障异型配子的形成。换言之,"性别分化"是保障异型配子形成的体细胞分化。从生活周期完成的功能角度来讲,"性别分化"这种体细胞分化具有独特的意义。当然,上面提到的伴随生殖腺分化而衍生出的其他体细胞的分化,与有性生殖周期过程的完成也是有关的。有关这一点,我们在下一章再讨论。

异型配子是所有真核生物都共有的现象。单细胞真核生物的"行为主体"/运行主体即实现"三个特殊"相关要素整合的基本单元只有一个细胞,因此只有细胞状态处于体细胞状态还是生殖细胞状态的区分,不可能同时出现体细胞和生殖细胞的状态。到多细胞真核生物出现细胞团,这才有可能出现如上面介绍过的动物中那种生殖细胞系途径和体细胞途径并存的状态。因此,代指保障异型配子形成的体细胞分化的"性别分化"与代指异型配子之间区分的"性"现象显然是性质完全不同的两个生物学过程。性别分化是一种只有在多细胞真核生物中才可能出现的现象。

4.3 植物的精子器与颈卵器:保障异型配子形成的体细胞分化

植物也是一种多细胞真核生物。但因为植物是光合自养,这种"相关要素"整合策略决定了其多细胞结构的形态建成策略与动物完全不同。动物是取食异养,因此对于绝大多数动物而言,其个体的形态建成过程中,多细胞结构中不同组织器官的分化基本上同步进行。这也是为什么绝大多数动物出生时,不管是卵生（由蛋孵化，如鸟类和爬行类）还是胎生（在母体中孕育，如人类所在的哺乳动物），都已具备应有的组织器官。植物则因为光合自养的特点，其完成生活周期过程中形成的组织器官是在生长点部位细胞分裂的基础上不断堆砌而成的。如本章第一节中所说，来自合子分裂形成的细胞团中的全部细胞都会进入有助于拓展光合面积的多细胞结构形成途径。换言之，在由合子分裂形成的细胞团分化形成多细胞结构的早期，全部的细胞都是体细胞。只是生长到特定阶段，在特殊的体细胞结构中诱导产生二倍体生殖细胞，这类细胞进一步分化为减数分裂细胞，进入减数分裂；然后，减数分裂的产物细胞形成孢子，进一步分化为单倍体多细胞结构①，这些单倍体多细胞结构在最初阶段也全部是体细胞（尽管是单倍体）；它们要分化到一定阶段，才在其特殊结构中以不同的方式分化出精子器和颈卵器（主要在苔藓、蕨类植物中，种子植物的情况比较复杂），从中异型配子被诱导发生并完成分化。由此可见，植物完成生活周期过程中所需要的组织器官，是在一个相对较长的时空区间内，在二倍体和单倍体两个多细胞结构中分别渐次发生的。于是，与动物中以生殖细胞系为完成有性生殖周期载体的情况不同，在植物中，有性生殖周期中的减数分裂细胞和形成异型配子的配子前体细胞分别在

---

① 在苔藓和蕨类中，这些单倍体多细胞结构都是光合自养的结构。在种子植物中，这些单倍体多细胞结构的情况比较复杂，我们后面再讨论。

二倍体多细胞结构和单倍体多细胞结构的体细胞中先后独立诱导发生（这一点在苔藓、蕨类、种子三大类陆生植物中都是一样的）。因为这种特点，在植物学中，人们将未来产生孢子的二倍体多细胞结构称为孢子体，而将未来产生配子的单倍体多细胞结构称为配子体。

基于上面对植物生活周期完成过程中形态建成特点的概述，我们可以发现在植物中，异型配子都是在减数分裂产物细胞（孢子）所形成的单倍体多细胞结构基础上诱导产生的。在苔藓和蕨类植物中，减数分裂产物细胞所形成的单倍体多细胞结构中会分化出精子器和颈卵器，异型配子在这些特殊结构中被诱导发生并完成分化。从这个意义上讲，精子器和颈卵器，在功能上相当于动物的精巢和卵巢，是在苔藓和蕨类植物中保障异型配子形成的体细胞结构。因此，植物的性别分化应该参照动物中的生殖腺分化，指单倍体多细胞结构中精子器和颈卵器的分化。

当然，在苔藓和蕨类植物中，异型配子形成过程与动物相比有三个重要不同：第一，动物中的精巢和卵巢都是二倍体体细胞，而苔藓、蕨类植物中的精子器和颈卵器都是单倍体体细胞。第二，在动物中，生殖细胞系和生殖腺分化分别来自合子分裂所产生细胞团中的两个分化途径，即生殖细胞系途径和体细胞途径；而在植物中，精子器和颈卵器与相关的异型配子源自同一区域的体细胞。值得注意的是，尽管在同一区域的体细胞会向异型配子形成和精子器或颈卵器这两个不同方向分化，但在其起始阶段，还是有细微的先后差异。我们实验室在对雄蕊（异型孢子囊群的一种形式）的研究中发现，在雄蕊原基中二倍体生殖细胞诱导在先，然后招募周边细胞进入孢子囊分化[①]。根据图4-1所显示的植物在有性生殖周期的两个间隔期都插入多细胞结构的情况看，在单倍体多细胞结构中异型配子形成和精子器或颈卵器分化之间的关系，很可能也是我们在雄蕊中发现的这种模式。第三，因为动植物形态建成策略不同，相对于动物从一个生殖腺原基为起点向精巢或者卵巢两个方向分化的二选一情况而言，植物精子器和颈卵器分化的机制在不同物种中要更加复杂和多样。

熟悉植物学的读者可能会有一个疑问，在种子植物，尤其是大家熟悉的被子植物（大家能叫得上名字、能够开花结果的植物几乎都是被子植物）中，毫无疑问都是有异型配子的，因此是有"性"的；但它们的单倍体多细胞结构极度简化，并没有精子器和颈卵器的结构。可如果把精子器和颈卵器的分化作为植物的性别分化，那么在种子植物，尤其是被子植物中有性别分化吗？这是一个好问题，在后面的章节我们再来讨论这个问题。

---

① Zheng YF, Wang DH, Ye SD, Chen WQ, Li GL, Xu ZH, Bai SN, Zhao F, 2021, "Auxin guides germ-cell specification in *Arabidopsis* anthers", *PNAS* 118（22）: e2101492118.

4.4 性别分化功能的同一性与机制的多样性

从上面两节对动植物性别分化特点的概述中我们可以发现，与单细胞真核生物中异型配子直接来自受胁迫诱导后的单倍体细胞分化不同，多细胞真核生物中异型配子形成都来自多细胞结构中特殊部位的细胞——或者是来自合子的二倍体多细胞结构，如动物胚胎发育过程中生殖细胞系途径中的减数分裂产物细胞；或者来自孢子衍生的单倍体多细胞结构，如植物中的苔藓和蕨类配子体（即来自孢子细胞分裂形成的单倍体多细胞结构）中的配子前体细胞。显然，在一个多细胞结构（无论是二倍体还是单倍体）中，哪些细胞、在什么时间点、什么条件下由原本的体细胞转换细胞状态、进入异型配子形成过程，其中的调控机制要比单细胞真核生物中异型配子形成过程的调控机制复杂得多。在我目前的知识范围内，完全不知道在生命系统的演化过程中，究竟是什么因素在动物中引发了生殖腺原基的出现并衍生出生殖腺原基向精巢或者卵巢分化，在植物（苔藓和蕨类）中引发配子前体细胞和精子器或颈卵器的形成。但从目前能够观察到的演化结果看，相比于在单细胞状态下单倍体细胞在胁迫诱导下进入异型配子形成所不得不面临的不确定性，在多细胞结构中异型配子的形成似乎因为有周边体细胞的支持和保护（动物中的生殖腺和植物中的精子器与颈卵器，以及支持生殖腺、精子器与颈卵器分化的其他组织器官）而获得了更好的保障。或许这是多细胞真核生物在保留异型配子形成这种有性生殖周期不可或缺的单细胞层面分化事件的同时，又迭代出"保障异型配子形成的体细胞分化"即"性别分化"这种多细胞层面的分化事件的原因？当然，在多细胞真核生物中异型配子的形成得到周边细胞保障，同时意味着异型配子的形成过程不可避免地要受到周边其他体细胞的影响。不同细胞在各自的动态分化过程中如何相互影响，为人们理解多细胞真核生物中异型配子形成的调控机制留下了大量的未解之谜。

在本书引言中我们提到，猴子只要能找到香蕉填饱肚子就够了，不会去问香蕉是从哪里来的。对于它们而言，要解的谜无非是在什么地方能找到可以让自己和居群成员饱餐一顿的香蕉树。人类则因为不得不进入农耕游牧，生存模式从与其他动物类似的采猎，转变为增值。要维持自身的生存，人类不仅需要和其他动物一样，对周边实体加以辨识、对周边实体之间的关系加以想象，还需要对实体的由来加以追溯。可是，周边实体并不依赖于人类的出现而出现，它们各自有自己的起源和演化历程，而这些历程在人类出现之时早已结束了。人类看到的实体，和人类自身一样，都只是演化结果（图 2-1）。虽然，从多细胞真核生物个体发育——一个合子衍生出多细胞结构，然后在这些多细胞结构中产生减数分裂细胞和配子前体细胞，完成异型配子相遇形成新一代合子，然后再重新开始一个个体发育过程——的层面上，在过去几百年的生物学研究中人们积累了丰富的知识，但这些知识都是以既存生物实体为对象的。仅凭这些知识，人们并不能有效地了解既存生物实体如何起源并演化成为现在这个样子。这就为人类对实体由来的追溯留下了一个巨大的挑战。

由于地球生物圈的生物类群多姿多彩，无论是对既存生物实体加以辨识、描述、分门别类，还是了解它们的个体发育过程，研究者都不得不以具体类群（或者叫物种）中的基本单元（如动物中的个体）为基本对象。不可能像早年伽利略观察天体运行时，因为看不清其结构、只能看到亮点，从而大而化之地将这些天体假设为数学上的"点"来描述其运行特征、归纳出运行轨迹，像数学公式那样去研究。针对不同的对象/实体从不同的角度提出问题，并发展出回答这些问题的方法是一件再正常不过的事情。比如，我们希望更高效地切削物品，一定会去发展刀具；而希望更高效地搬运物品，一定会去发展绳索和轮盘。不幸的是，因为源自天文学的物理学在对实体运动规律的描述和预测方面取得了巨大的成功，物理学中那种把研究对象都简化为质点（注意，这种简化，或者说"理想化"是引入了人为假设的）、然后以数学为工具研究其运动规律的经典方法，被很多人奉为"科学方法"的正宗。而生物学的研究模式则被嘲笑为"集邮"，是"ology"，长期被排除于"科学"的范畴之外。这种传统观念影响之深远，从当代著名生物学家 Edward Wilson 对生物学功能或使命的定位上可以窥见一斑。他在 Edge 网站编辑的

Life 一书收入的一个访谈中提到,"生物学首先是一种描述性的科学。这个学科要处理的问题是不同物种对其所生存环境的适应机制。虽然生物学现象基于共同的物理、化学原理,起码不会违背这些原理,但对于上百万个物种而言,本质上每一个物种都有自己的生物学"。他为统一生物学(a united biology)所提出的解决策略,是尽可能详尽地描述地球生物圈中的每一种生物。如果 Wilson 的看法的确反映了真实情况,那么在目前已知的物理、化学原理之上,就只能是对千姿百态的生物的描述吗?生物体是如何从这些分子或者亚分子层级,跃迁到细胞和多细胞结构层级的呢?这两种不同层级的物质存在形式之间的关联机制难道就没有普适性、原理性的解释?千姿百态的生物作为特殊的物质存在形式,彼此之间在运行机制上就没有任何共同的规律吗?揭示这种关联机制和共同规律难道不该是当下生命系统的研究者无法回避的使命吗?

我的研究领域与 Wilson 的研究领域相距甚远。早年除了在读博士研究生期间读过有关他的《社会生物学》一书的简介之外,很少读他的著述。但在最近读了他的《缤纷的生命》(*The Diversity of Life*)一书之后,深为其在生态学和保护生物学方面广博的学识和深入的思考所折服。尽管如此,我还是对他有关生物学研究的功能或使命的定位不敢苟同。在达尔文时代,人类对生物的形态、结构及其运行方式知之太少——当时人们还不知道原核生物与真核生物的区分。对不同的生物开展系统的描述,同时对其构成方式与运行方式进行尽可能彻底的拆解,自然是当务之急。生物研究者也的确在这方面投入了巨大的努力,而且取得了辉煌的成果。目前,研究者已经将地球生物圈各种代表性物种的生物体构成拆解到分子的程度,而且了解了大量的生命大分子合成与降解、生命大分子复合体聚合与解体的过程,确定了地球生物圈千姿百态的生物体最终都是这些生命大分子相互作用的结果。在这种状况下,难道我们还不可以在这些信息的基础上,对一些与我们的自我认知和可持续发展密不可分的生物学过程或者事件进行梳理和归纳,提出一些具有普适性和原理性的解释吗?

回到本书的主题——"性",性是一个具有普适性的生物学现象吗?从前面两章的分析,我们的回答是否定的。我们的结论是:性现象特指真核生物中存在的异型配子现象(包括其形成过程),以及因此而衍生出的多细胞真核生物中的雌雄异形现象。在原核生物中不存在异型配子的现象,因此也就没有"性"。而且,我们还提出,在真核生物中,无论生物体的形态特征和生命活动有多大的差异,它们都以在单细胞层面上发生的"有性生殖周期"为主干,完成从一个合子到下一代合子的繁衍生息。因此,对于真核生物而言,"性"代指异型配子、"有性生殖周期"是繁衍生息主干,显然是一种具有普适性、原理性的解释。

如果对"性""有性生殖周期"的解释具有普适性和原理性,那么基于本章前三节的描述我们可以发现,对于多细胞真核生物而言，在多细胞结构中出现了保障异型配子形成的体细胞分化——我们把这种特殊的体细胞分化定义为"性别分化"。从起源及其机制上，把在多细胞层面上发生的"性别分化"和在单细胞层面上发生的"异型配子形成"这两个过程区分开来，不也是一种具有普适性和原理性的合理解释吗？

如果上面的分析是成立的，那么不难得出一个结论，即在以单细胞真核生物为起点的所有真核生物都有有性生殖周期，因此都有以异型配子及其形成为核心的"性"这一基础上，所有多细胞真核生物都有保障异型配子形成的体细胞分化，即"性别分化"。这种对"性别分化"内涵的界定，为动物中生殖腺的分化、植物中精子器和颈卵器的分化这些多细胞结构中特殊的体细胞分化，提供了一个功能层面的同一性解释。

当然，尽管在多细胞真核生物中都具有"性别分化"这种特殊的体细胞分化，但对于特定的生物类型，"性别分化"的发生过程和调控机制却可以千差万别。同一种功能（原理）可以通过不同的机制来实现，这可能是生命系统不同层级中普遍存在的现象。性别分化过程的发生特点和调控机制上的千差万别，要在一本书中讲清楚，恐怕是不可能的。但从本书主题论述需要的角度，大概可以把这些多样性概括为下面几个方面：

第一，保障异型配子形成的体细胞分化既可以发生在二倍体的多细胞结构中，也可以发生在单倍体的多细胞结构中。前者就是动物中生殖腺原基向精巢或者卵巢的分化，而后者则是植物中苔藓与蕨类的精子器和颈卵器的分化。

第二，在不同的动植物类群中，生殖腺原基向精巢或卵巢的分化，或者苔藓和蕨类中精子器与颈卵器的分化又存在各种不同的调控机制。在动物中生殖腺原基向精巢或卵巢的分化可以受位于异型染色体上特殊基因（如人类Y染色体上的 SRY 基因）的调控，而且异型染色体在不同物种中的形式也不同，人类所在的哺乳类是XY，有的动物是ZW——异型染色体在演化进程中的出现本身就是一个非常有趣的研究领域。生殖腺原基向精巢或卵巢的分化也可以无须异型染色体及相关的特殊基因，而是受到胚胎发育过程中周边温度的调控[①]。尽管有这些差别，目前所知动物的性别分化都是在胚胎发育过程中生殖腺原基的基础上发生的。

相比于动物中的多样性，植物中的情况更为复杂。除了在细胞团的特殊部位分化出精子器或者颈卵器的途径不同之外，在单倍体细胞团的什么发育阶段启动向精子器或颈卵器分化的分岔节点在不同物种中也各有不同。有的植物，如苔藓类中的地钱，在孢子萌发后所形成的丝状体中，就出现了分化。有的丝状体将来形成的多细胞结构（配子体，肉眼可辨的扁平结构）中只产生分化精子器的雄生殖托，而有的丝状体将来形成的多细胞结构中则只产生分化颈卵器的雌生殖托。而苔藓类中的小立碗藓，则是

---

① 白书农，2023，《生命的逻辑——整合子生命观概论》，北京大学出版社。

在孢子萌发后经丝状体阶段形成小植株（配子体，肉眼可辨的轴叶结构）后，发育到一定阶段，才在小植株顶端的不同位置，分别分化出精子器或颈卵器。蕨类植物中的情况类似。在蕨类植物的一大类——真蕨的大部分物种中，以铁线蕨为例，孢子萌发后所形成的多细胞结构（心形的扁平结构，被植物学家称为"原叶体"）发育到一定阶段后，会在心形结构的凹陷区域，分别分化出精子器与颈卵器。但真蕨中也有一些物种，如水蕨，却在其原叶体的形成过程中出现多种情况：有的如铁线蕨那样，在同一个原叶体中既分化出精子器也分化出颈卵器；有的在同一个原叶体中只分化出精子器，或者只分化出颈卵器。而在另外一大类蕨类植物——石松类中，以卷柏为例，在减数分裂前的二倍体多细胞结构的发育阶段，居然就出现了孢子囊（减数分裂细胞在其中形成并完成减数分裂）的分化，在有的部位形成小孢子囊，有的部位形成大孢子囊。大小孢子囊中的减数分裂产物细胞分别形成大小两种孢子。在孢子萌发后，单倍体的多细胞结构变得非常简化，结构非常简单的精子器和颈卵器分别在大小孢子的壁内分化。到了种子植物，无论是裸子植物还是被子植物，都在二倍体多细胞结构阶段出现大小孢子囊的分化，单倍体多细胞结构都不能依赖光合自养独立生存。虽然仍然有精细胞和卵细胞的分化，但除了在裸子植物中继续保留"颈卵器"的名词来描述特定的细胞结构之外，在被子植物中实在找不到可以被界定为"颈卵器"的单倍体多细胞结构，在裸子植物和被子植物中也都找不到可以被界定为"精子器"的单倍体多细胞结构。那么，种子植物中异型配子的形成需不需要其他体细胞分化的保障？哪些细胞分化执行了保障异型配子形成的功能？那就是下面第三点要讨论的问题。

第三，植物的"假性别分化"。这个概念在过去的教科书中是找不到的。为什么要提出这样一个新的概念呢？

我们在前面描述过，在单细胞层面上发生的异型配子形成和在多细胞层面上发生的保障异型配子形成的体细胞分化是起源不同、功能不同的两个生物学过程。如果说对这两个过程的区分是合理的，那么强调分别代指这两个过程的"性"和"性别分化"这两个概念内涵的区分，可以更好地帮助人们理解相关的现象。

从前面对"性别分化"功能的同一性和机制的多样性的分析来看，这种区分在动物方面的应用不会产生任何令人困扰的问题。因为在目前所研究过的具有胚胎发育过程的各种动物中，在胚胎发育早期，都分化出生殖细胞系途径和体细胞途径，而且在体细胞途径中都出现生殖腺原基，性别分化机制上的多样性，不过是生殖腺原基向精巢还是卵巢分化这一事件在调控机制上的多样性。可是在植物方面的应用，却出现了令人困扰的问题。其源头，在于植物完成有性生殖周期的形态建成策略上的独特性。在植物有性生殖周期完成过程中，在其三个核心细胞，即合子、减数分裂细胞、配子前体细胞之间，分别出现了两个多细胞结构——在合子和减数分裂细胞之间的二倍体多细胞结构，以及在由减数分裂产物细胞分化而来的孢子到配子前体细胞之间的单倍体多细胞结构。在演化早期出现的苔藓植物,以及大部分真蕨类植物中,保障异型配子形成的体细胞分化,即精子器和颈卵器的分化,都发生在单倍体多细胞结构阶段。这就使得对这些植物而言,以精子器和颈卵器的分化来界定"性别分化"是符合有关性别分化的功能同一性的。可是,麻烦在于,对于蕨类植物中的石松、卷柏类和全部的种子植物,在减数分裂前,二倍体多细胞结构的发育过程中,保障减数分裂细胞分化、减数分裂发生和减数分裂产物细胞进一步分化为孢子的孢子囊居然出现了分化,出现了大孢子囊和小孢子囊两种类型。与之相应,减数分裂完成后的产物细胞,也分成大小孢子两种类型。更有甚者,在这些植物中,大小孢子萌发后,居然不再形成复杂的单倍体多细胞结构。这就使得在苔藓和真蕨中具有很好解释力的、以精子器与颈卵器这种保障异型配子形成的体细胞分化作为"性别分化"的界定失去了描述的对象。可是,在卷柏和种子植物这些植物中毫无疑问地具有异型配子形成过程,而且这些过程都是在体细胞内发生的,因此也应该有"性别分化"过程。那么在这些植物中,"性别分化"功能是如何实现的呢?

要回答这个问题,我们先来对植物的孢子囊与动物的生殖腺做一下比较。从形态和功能的角度讲,植物的孢子囊和动物的生殖腺原基在两个方面有可比性:一方面,它们都是二倍体多细胞结构中的一种特殊的体细胞分化;另一方面,这种体细胞分化具有保护减数分裂细胞的分化以及减数分裂完成的功能。

但是，植物的孢子囊与动物的生殖腺原基在两个方面有重要的不同：

一方面，被孢子囊保护的减数分裂细胞并不是如在动物中那样，由其他途径体细胞起源并迁移到其中，而是如精子器、颈卵器和异型配子形成之间的关系那样，两种不同的生物学过程源于同一区域的体细胞——尽管如前面一节提到的，二倍体生殖细胞诱导与分化和向孢子囊方向的体细胞分化还是有细微的前后顺序，而且有完全不同的调控机制。

另一方面，植物的孢子囊在不同植物类群中出现了一次从同型孢子囊到异型孢子囊的分化，而在动物中则不存在这样的分化。在所有具有胚胎发育过程的动物中，在胚胎发育过程中都有生殖腺原基的分化，然后，出现不同机制，调控生殖腺原基向精巢或者卵巢分化。生殖细胞系途径的二倍体体细胞从分化为减数分裂细胞，到发生减数分裂，再到异型配子形成，都在精巢或者卵巢之中完成。在苔藓和大部分真蕨类植物中，整个植株只形成同一类型的孢子囊（同型孢子囊）。被这种孢子囊保护的减数分裂细胞进入减数分裂之后，进一步的分化只形成一种类型的孢子。这种情况在植物学上被称为"同型孢子"。这些同型孢子从二倍体多细胞结构中散发出去，萌发后形成单倍体多细胞结构，并在其上诱导发生异型配子形成及前面讨论过的精子器和精子器的分化。可是，在卷柏类植物和种子植物中，却阴差阳错地出现了一次孢子囊的分化，出现了一大一小两种孢子囊，并因此而出现体积大小不同的两种孢子，被称为"异型孢子"。一大一小两种孢子囊也因而被称为"异型孢子囊"。迄今，学术界对为什么会出现异型孢子或者异型孢子囊还没有令人信服的统一解释。因为在揭示植物形态建成基本原理的努力中，异型孢子或者异型孢子囊的起源是一个无法回避的问题，我还专门和一位从事古植物研究的朋友提出了一个假说[①]。这个假说认为，异型孢子囊的形成是伴随二倍体多细胞结构的复杂化而偶然出现的一种现象。问题在于，异型孢子囊出现之后，居然伴随出现了单倍体多细胞结构的简化，导致最终在被子植物中精子器和颈卵器的消失。对于在有性生殖周期完成过程中有两个多细胞结构，减数分裂细胞和配子前体细胞在两个多细胞结构中分别发生，而不是如动物那样在同一生殖细胞系途径中先后发生的植物而言，孢子囊从同型到异型的分化，对理解"性别分化"这样一种保障异型配子形成的体细胞分化在功能上的同一性和机制上的多样性带来了非常大的挑战。

上面的信息可以概括出以下几个特点：1）植物作为多细胞真核生物在有性生殖周期的基础上出现了两个多细胞结构；2）植物减数分裂细胞和配子前体细胞分别在二倍体多细胞结构和单倍体多细胞结构中诱导发生；3）相应地，保障减数分裂细胞形成的

---

① Wang X, Bai SN, 2019, "Key Innovations in Transition from Homospory to Heterospory", *Plant Signal Behavior* 14（6）.

体细胞分化，即孢子囊的分化，和保障异型配子形成的体细胞分化，即精子器和颈卵器的分化，也分别在二倍体多细胞结构和单倍体多细胞结构中发生。以这几点为前提，我们可以发现，异型孢子囊的出现，其实是在原本保障减数分裂细胞形成的二倍体多细胞结构，即孢子囊的分化上，叠加上了本来应该在单倍体多细胞结构上完成的精子器和颈卵器的功能。因为，异型配子形成虽然仍然在来自孢子的单倍体多细胞结构中诱导发生，但因为在卷柏和种子植物中，这种单倍体多细胞结构被极大地简化，可以被压缩到孢子囊的包被空间中，大小孢子囊对减数分裂细胞的保护，也就作为"顺水人情"，衍生出对异型配子形成过程的保护。

从我们对异型孢子囊形成的可能机制的分析看，异型孢子囊的形成应该是一个偶然事件，因为其对有性生殖周期完成的某些优越性而被保留了下来。因此，没有任何理由认为异型孢子囊的分化是"为了"取代精子器、颈卵器的分化。异型孢子囊只是因为在演化过程中出现的一系列偶然事件，衍生出了在前期保障减数分裂细胞的分化和减数分裂过程，在后期保障异型配子形成的双重功能。为了区分在苔藓和真蕨类植物中出现的精子器、颈卵器这种"性别分化"，与在卷柏和种子植物中出现的、借之前既存的保障减数分裂细胞分化的二倍体多细胞结构的分化而承担保障异型配子形成功能的双重功能现象，我们将借异型孢子囊而实现保障异型配子形成的体细胞分化现象，称为"假性别分化"。这里的"假"不仅有相对于精子器、颈卵器那种直接保障异型配子形成的体细胞分化作为"性别分化"的"真",而且还可以解释为"假人之手",即"借助"的意思。

从植物学术语的发展历史来看,把不同来源的细胞结构执行类似功能的现象称为"假"什么,其实并不罕见。如苔藓植物没有在种子植物中常见的根,但其中部分丝状体有类似根的吸收功能,于是便被称为"假根"。类似的情况还有"假果""假种皮"等说法。因此,我们认为,从性别分化的角度将异型孢子囊称为"假性别分化",应该是一个不仅言之有据,而且言之成理的说法。

在这里花了这么多的篇幅讨论性别分化的功能同一性和机制多样性,只是希望给读者留下这么一个印象:一方面,生命系统的千姿百态的确会出现千奇百怪、看似难以比较的现象,但另一方面,如果找到了合适的视角,其实也是可以从这些千奇百怪的现象背后,发现功能同一性,或者原理同一性的。反过来,一旦我们了解了功能同一性或者原理同一性,自然可以更好地理解机制多样性。

本来,讲"性别分化"的功能同一性和机制多样性,在动物和植物之外,还应该包括真菌,因为真菌也是多细胞真核生物。可是,我们在这里还是不得不略去有关真菌的性别分化机制多样性的讨论。这种省略不只是因为篇幅的问题,更重要的是我的知识面有限。希望有真菌方面的专家能为大家做出解读。

4.5 植物对澄清性别分化概念的独特贡献

大家可能想不到，讲一个性别分化的功能同一性和机制多样性，居然扯出那么多植物生物学的问题和一些拗口的植物学术语。拥有几百万物种的动物王国，其性别分化机制上的多样性，居然在只有几十万物种的植物王国面前显得如此小巫见大巫。或许，这个例子，会是对很多人在潜意识中存在的——当然，从人类认知层面上不可避免的"人类中心主义"（或者放大一点是动物中心主义）傲慢的一记当头棒喝。

可是我在这一节中讲这些的意思并不是要人们放弃人类中心的观念——如前面章节中所讨论的，人类与其他动物最重要的区别之一，就是主体意识的出现，以及以此为起点而走出的"认知决定生存"演化之路。既然认知是人类生存不可或缺的媒介，在人类的认知过程中怎么可能摆脱人类中心的视角？只能是在人类中心的基础上，在认知空间拓展的过程中，逐步意识到人类是地球生物圈的一个成员，然后设法让自己借助自身所具有的认知能力而成为一个负责任的成员。

在这一节中讲这些读起来可能有点儿拗口的故事，是希望通过回顾自己对植物性别分化问题的研究而发现传统观念中一些自相矛盾的说法，以及试图澄清这些自相矛盾说法的过程，和大家分享一个发现,即"性"和"性别分化"是起源和功能完全不同的两个生物学过程。由此,帮助大家意识到,以新的概念框架反观传统上动物性别问题的观念,居然可以发现动物性别问题很多主流观念的混乱,是因为研究者长期无视植物中早已了解的形态建成过程的独特性。如果前辈研究者能正眼面对植物学家对不同植物类群成员生活周期完成过程所做的细致入微的描述,并与动物的相应过程做认真的比较,"性"和"性别分化"是起源和功能完全不同的两个生物学过程的现象,或许根本无须吾辈置喙。

如同著名的哲学家维特根斯坦所说,一旦新的思维方式被建立起来,许多旧的问题就会消失(Once the new way of thinking has been established, the old problems vanish)[①]。在我们意识到真核生物共有的有性生殖周期、有性生殖周期中的异型配子形成、多细胞真核生物中出现保障异型配子形成的体细胞分化、多细胞生物中动物在有性生殖周期中三种核心细胞的两个间隔期中只有一个多细胞结构的插入,而植物有两个多细胞结构的插入这样的事实情况下,"性"和"性别分化"是起源与功能完全不同的两个生物学过程的现象就一目了然,历史上那些有关"性"是什么的众说纷纭也就没有存在的理由了。

我涉足植物性别分化调控机制研究完全是机缘巧合。在我读大学和研究生时,所读到的教科书中都把被子植物中单性花的分

---

① [奥]路德维希·维特根斯坦,2012,《文化与价值》,涂纪亮译,北京大学出版社。

化称为性别分化。什么叫单性花?根据目前人们对地球上植物的了解,被子植物中大概90%以上物种的花都是在一朵花中既有雄蕊,又有雌蕊。这样的花,植物学上叫完全花。如果一朵花中只有雄蕊,没有雌蕊(反之亦然),或者虽然有雌雄蕊的结构,但其中的一种最终没有产生精细胞或者卵细胞的功能,这种花就被称为单性花,分别被称为雄花(雄蕊可以产生有功能的精细胞)和雌花(雌蕊可以产生有功能的卵细胞)。单性花植物在整个被子植物中大概占10%。

此外,我们知道,一棵植株上会生长出很多朵花。这就使得情况变得更加复杂:在产生完全花的植物种类中,一棵植株中当然就只有完全花。可是对那些可以产生单性花的植物而言就可能产生不同的类型:在同一棵植株中既有雄花、又有雌花(有的甚至同时还有完全花);在同一棵植株中全部都是雄花或者雌花。这些现象在植物学上有各种复杂的名字,对它们的研究源自对植物形态建成现象的不同解释,与"性"无关,我们在这里就不展开讨论了。

植物中出现单性花的现象在林奈时代就为人们所知。而人类对单性花的利用,则可以追溯到两三千年前的农耕地区,如两河流域和黄河流域。在我所掌握的文献范围内,在植物学领域有关性别分化的主流观念,成型于1933年美国加州大学的Wilfred W. Robbins教授和他的同事联名出版的一本书,*Sex in the Plant World*。在这本书中,作者正确地将人类第二性征和异型配子关联起来，然后将这种关联移植到被子植物上，建立了雄蕊与精细胞、雌蕊与卵细胞之间的关联。然后，把完全花视为雌雄同体，把只有功能性雄蕊的花称为雄花，把只有功能性雌蕊的花称为雌花。把雌雄花的分化称为植物的性别分化。

这种成型于 1933 年的看法即使不考虑后来有关单性花发育调控机制的发现，本身其实已经存在两个明显的逻辑问题：第一，如果把性别分化局限于单性花的分化，那些占被子植物总数 90% 的产生完全花的植物（这个基本数据在 20 世纪 20 年代就已经有报道，在该书写作的 20 世纪 30 年代，作者应该知道这些信息）有没有性别分化呢？这还没有考虑被子植物之外的裸子植物、蕨类和苔藓植物。第二，按照该书中的说法，动物第二性征和植物雌雄蕊与异型配子之间存在正相关的关系，即有胡须的个体产生精细胞，长雄蕊的花产生精细胞，可是单性花的形成，比如雄花的形成究竟是产生精细胞的雄蕊发育可以被启动，产生卵细胞的雌蕊发育不能被启动；还是原本雌雄蕊发育都能启动，但雌蕊发育停滞在一定程度而无法形成功能，最后只保留下来有功能的雄蕊呢？这一点在该书中并没有给出应有的讨论。

令人遗憾的是，在 *Sex in the Plant World* 这本书出版之后，没有见到有人对上述两个逻辑问题提出疑问（很多单性花发育的研究者可能都没有读过这本书）。主流教科书中一直将单性花发育作为植物性别分化过程而加以介绍。在 20 世纪 50 年代末，人们发现用一种植物激素——乙烯的类似物处理植株之后，可以改变植株中雌花和雄花的着生位置、数量或者比例。在那个年代，人们已知动物的第二性征与激素有关。因此从逻辑上，人们很容易提出，激素调控性别分化，是不是一种动植物之间共同机制的问题。我们在后面的章节中会提到，如同前面提到的主体意识是人类与生俱来的特征一样，对"性"，即男女之别的意识，也是人类（其实不仅是人类）与生俱来的。于是，了解性别分化的机制，无论从哪个方面讲，都难以拒绝地成为一个引人关注的话题。在动植物之间找到性别分化的共同机制，哪怕无法一蹴而就地获得重大发现，起码也是言之成理的基本科学问题。于是，寻找单性花发育调控的生理或者遗传机制，就因为单性花被解读为性别分化而成为过去几十年植物发育研究中一个历久弥新的问题。在一些顶级科学杂志中，常常会见到发现被号称是性别分化或者性别决定机制的单性花发育调控机制的报道。

可是，我们实验室在对黄瓜单性花的研究中发现，和目前所见报道的绝大部分单性花发育过程一样，黄瓜单性花在发育早期，都出现了雄蕊和雌蕊原基。只是发育到一定的阶段，雌雄蕊原基中的一种会出现发育停滞。如果雄蕊发育停滞，就出现雌花；而雌蕊发育停滞，就出现雄花。我们的研究结果表明，当年发现的施用乙烯类似物促进雌花的现象，其机制是过量乙烯增强了对雄蕊原基发育的抑制。换言之，我们所发现的单性花发育的调控机制，以我们在黄瓜上所发现的雌花发育调控机制为例，只是最终丧失功能的那个雄蕊被抑制从而无法形成精细胞的机制，至于雌蕊是如何发育并最终形成卵细胞的，我们其实并没有从对雄蕊发育被抑制的机制中获得任何信息。基于我们在黄瓜单性花发育方面的研究，我们提出了一个观点，即黄瓜单性花的发育并不是性别分化的机制，而是一种促进异交的机制？为什么这么说？我们在下一章再加以进一步的讨论。

从对文献的研究来看，目前所报道的有关单性花发育的调控机制，和我们在黄瓜上所发现的大同小异。即除了具体的分子机制有所不同之外，所发现的，本质上都是雌雄蕊之一的发育受抑制机制，而不是发育正常的雌雄蕊如何正常发育到产生相关配子的机制。如果说前面提到的"性"和"性别分化"作为两个生物学过程的现象因为缺乏动植物比较而一直没有得到确定的结论，而动植物比较还需要一些信息的收集与分析，那么单性花发育的已知机制是阻止异型配子的形成而不是保障异型配子的形成已经是一个得到众多实验证据检验的现象，这层窗户纸为什么这么难被捅破呢？

本来，我被交代的任务，是以黄瓜单性花发育作为实验系统，解析植物性别分化的调控机制。当我们的研究发现黄瓜单性花发育不是性别分化机制，而是一种促进异交机制之后，应该也算完成了任务。至于什么是植物的性别分化，应该不是黄瓜单性花发育这个实验系统所能够回答的。对这个问题，我当时是想留待后人去处理的。可是，阴差阳错，在芝加哥大学龙漫远教授的激励下，我硬着头皮读了更多的文献，终于形成了本章前面对性别分化的观点。考虑到这个问题的专业性以及本书的篇幅所限，在这里就不对这些问题展开讨论了。有兴趣的读者可以去做一些拓展阅读[①]。

[①] 白书农，2016，《量体裁新衣：从植物发育单位到植物发育程序》，《新生物学年鉴 2015》，第 73-116 页，科学出版社；Bai SN, 2015, "The concept of the sexual reproduction cycle and its evolutionary significance." *Front. Plant Sci.* 6: 11；白书农，2020，《"有性生殖周期"，一个新概念是如何产生的?》，《高校生物学教学研究（电子版）》(05)：第 51-58 页；白书农，2017，《有性生殖周期》，《植物学报》52（3）：第 255-256 页；白书农，2020，《"性"是什么?》，《生命世界》(10)：第 52-59 页；白书农，2020，《质疑、创新与合理性——纪念〈植物学通报〉创刊主编曹宗巽先生诞辰 100 周年》，《植物学报》55（3）：第 274-278 页；Bai SN, 2020, "Are unisexual flowers an appropriate model to study plant sex determination?" *J. Exp. Bot.* 71（16）：4625-4628.

5

性行为：利己？利他？利群？

不知道大家有没有意识到，在前面章节中的讨论，其实存在时空尺度上的蒙太奇——比如说，在追溯"性"这个词的词源时，讨论的是雌雄个体（多细胞结构）之间的区分，在讨论"性"这个词的生物学基础时，则定义为异型配子（单细胞）之间的区分及其形成过程。虽然我们在论证中找到了在两个不同的空间尺度上，"性"这个词在"区分"这一特征上的共性，可是，这个概念的内涵，从使用符号的人类的角度，前者是在感官分辨力范围之内，因为，雌雄个体的差异是人类可以感知的；而后者则在感官分辨力范围之外，因为人类感官是无法分辨配子细胞的。所谓"异型配子"的概念是建立在研究者借助各种检测手段和特殊研究策略所获得发现的基础之上的。对于没有经过生物学研究训练的读者而言，对建立在感官分辨力之外的事实基础上的概念的理解，常常很难摆脱建立在感官分辨力范围之内的感官经验上的概念内涵的影响。于是，很多生物学者对生物学现象的描述和解释，在与公众基于直觉感官经验和陈陈相因的"老理儿"说法发生冲突时，常常显得苍白无力，应者寥寥，陷入只能落荒而逃的窘境。

可是，从人类演化历程来看，随着认知能力发展所带来的认知空间拓展，其中的信息量不断增加。而且，伴随人类经验的增加，对事物的分辨能力增强，认知空间中代表分辨能力增强的符号数量增加，也带来了符号之间内涵异同方面的辨析需求。在500多年前借望远镜和显微镜的发明，人类认知突破感官分辨力范围之后，认知的分辨力无论在时间、空间，还是数量、种类上都得到了前所未有的飙升。如果这种对人类认知能力发展进程的描述与实际相符，那么不难得出一个结论，即人类认知能力的发展趋势，不仅是信息量增加，而且还有分辨力提高。当然，如果没有不同符号之间关系的构建，即整合度的增强，增加的信息量无论分辨力如何提高，也只能是一堆碎片，无法为人类生存必需的"三个特殊"相关要素的整合媒介提供更高的有效性。因此，对于公众而言，一方面，绝大部分人因没有机会系统地了解不同学科领域对未知自然的探索历程和当下结论的依据，对很多看似反直觉的感官经验范围之外的专业结论心存疑虑、感到不舒服，甚至发自内心地排斥是可以理解的；但另一方面，如果相信人类认知能力发展的大趋势，那么在各种不同分辨力和整合度的信息中，还是可以对分辨力更高、整合度更强的信息赋予更多的信任。起码，可以基于认知能力发展大趋势，相信在低分辨力信息中，大概率含有可以但还没有被有效解析的不同层级的信息。

就"性"这个概念的"区分"这一内涵而言，当我们代指雌雄个体（以人类为例）的区分时，其实不仅代指了雌雄个体（男人、女人）所分别承载的异型配子之间的区分，其实还代指了保障异型配子形成的体细胞分化，即性别分化的结果——生殖腺分化为精巢或者卵巢，以及由此衍生出的第二性征。如果我们对"性"的概念停留在感官分辨力的层面上，显然将无法区分雌雄个体之间的差别背后所蕴含的那些复杂生物学过程。因此，当我们讨论"性"这个概念的内涵时，常常需要讲清楚，我们是在哪个层面上讨论问题。这种情况在生命现象的讨论中其实非常常见。因为以生命大分子网络为主体的生命系统可以从不同的层级来进行观察，而"生物"只是在生命系统中人类感官系统所能分辨的表面层级（见前面章节的讨论）。从这个意义上，如果我们坚持传统意义上的"眼见为实"，那么在对生命现象的描述和解释上，恐怕只能停留在"公说公有理，婆说婆有理"的一锅粥状态。

在上一章，我们对"性"和"性别分化"这两个概念的内涵进行了梳理，提出了它们所代指的，是多细胞真核生物中起源与功能都完全不同的两个生物学过程。我们还对多细胞真核生物中性别分化现象在功能上的同一性和机制上的多样性做了简单的分析。大家从上一章的介绍中可以看到，这些分析的前提是，有性生殖周期是真核生物两个主体之间不可或缺的关联纽带，多细胞真核生物来自有性生殖周期中三个核心细胞之间两个间隔期插入的多细胞结构与有性生殖周期的整合。那么，如果大家姑且接受我在前面所做的有关"性"和"性别分化"概念内涵的论证和结论，有关"性"的讨论就完成了吗？

细心一点的读者会发现，对于多细胞真核生物而言，讲清楚了"性"是单细胞层面上异型配子之间的区分及其形成过程，"性别分化"是多细胞层面上保障异型配子形成的体细胞分化，有关"性"的问题并没有结束——因为配子还没有相遇！没有配子相遇，有性生殖周期就还没有完成呀！我们已经知道，在多细胞真核生物中，异型配子形成是在多细胞结构中被诱导，在多细胞结构的保护下完成的，那么分别在不同的多细胞结构保护下的异型配子，如何相遇并形成下一代的合子呢？

5.1 性行为：多细胞真核生物中保障异型配子相遇的体细胞分化及相关行为

在回答上面的问题之前，我们先来看看单细胞真核生物中，异型配子是如何相遇的。

在我的知识范围之内，单细胞真核生物绝大部分生活在有水的环境中。异型配子是随波逐流或者可以自主移动的。虽然在有些物种中,异型配子之间会出现具有彼此吸引功能的小分子,但总体上,异型配子之间的相遇是在单细胞层面上发生的随机事件——因为即使考虑不同配子之间的彼此吸引,那也只是不同配子类型之间的影响,而对于特定的配子细胞而言,它与不同类配子中的哪一个相遇,应该是随机的。

那么到了多细胞真核生物,异型配子是如何相遇的呢?我们还是对动植物分别讨论。

在动物中,目前知道的大概有以下几种情况:

第一,雌雄个体分别将各自的配子排入水中,然后任由它们随机相遇。这种情况比较有代表性的是海洋中的珊瑚虫、海星的排精排卵。当然,珊瑚虫的排精排卵具有特殊的季节性和大规模"不约而同"的现象,背后应该有多细胞结构对周边环境因子变化的感知和响应机制。目前人们对这种机制虽有研究报道,但总体上还是知之甚少。

第二,雄性个体在雌性个体将卵细胞排出体外之后为之受精。这种情况在鱼类中比较常见。青蛙、蟾蜍等也是体外受精。和珊瑚虫、海星之类把配子排入水中后听天由命不同,在鱼类和青蛙、蟾蜍等两栖类动物中,有雌雄个体在空间上不同程度地接近,从而形成异型配子相遇在动物个体(注意,不是配子)层面上的选择性。

第三,雄性个体将精细胞导入雌性个体中,由此实现特定个体之间的配子相遇。显然，这种配子相遇的形式，是人们最为熟悉的动物配子相遇形式。在人们讲到动物中的性现象时，很多情况下，所指的并不是雌雄个体（当然更不是异型配子）之间的区分，而是雌雄个体之间的求偶（包括交配），以及交配权争夺。显然，这一部分生命现象，既不是异型配子的区分及其形成过程，即"性"；又不是保障异型配子形成的体细胞分化，即"性别分化"。这是一种在之前讨论过的"性"和"性别分化"所代指对象之外的一类独特的现象。

在植物中，异型配子是如何相遇的呢？目前知道的大概也有几种不同的情况：

第一，在苔藓和蕨类中，精子器在特定的条件下开裂，精细胞进入水中。精细胞所自带的鞭毛可以驱动其在水中游动，从颈卵器的开口进入颈卵器，与卵细胞相遇。

第二，在石松类，比如卷柏中，异型孢子发育成熟后分别从二倍体多细胞结构（大小孢子囊）中散出，小孢子中分化出的带鞭毛的精细胞在一定情况下被释放出来，在水中游到附近的大孢子边，从其开口处进入大孢子壁内，与在其中分化的卵细胞相遇。

第三，到种子植物之后，小孢子发育成熟后从二倍体多细胞结构（裸子植物中被称为小孢子囊，被子植物中被称为雄蕊）中散出。在小孢子壁中分化的单倍体多细胞结构（虽然细胞数目非常少，但仍然是多细胞）在随小孢子落到大孢子囊的衍生结构

（比如裸子植物胚珠的珠孔、被子植物心皮的柱头）之后，会萌发形成花粉管——实际上就是苔藓和蕨类植物单倍体多细胞结构分化早期的丝状体。花粉管作为载体，将其中携带的精细胞（单倍体多细胞结构中数量极少的体细胞的分化产物）送入在大孢子囊中发育的、由大孢子分化而来的单倍体多细胞结构（在被子植物中被称为胚囊）中形成的卵细胞附近，并与之相遇。

基于上述概述，我们发现在单细胞真核生物中，配子相遇基本上是发生在单细胞层面上的随机事件。尽管在不同的配子类型之间可能分化出彼此吸引的机制（考虑到不同配子类型的本质是彼此之间的标识，不同类型配子中进一步分化出彼此吸引的机制，也在情理之中），但也仅限于在单细胞分化的层面上。最终不同配子之间能否相遇、哪个配子和哪个配子相遇，在单细胞层面上，基本是随机事件。

到了多细胞真核生物就不同了。在动物中，尽管有不同形式的体外受精和体内受精之别，但都有基于体细胞的配子排出机制。另外，作为异型配子载体的雌雄个体，都演化出了一些有助于提高配子相遇概率的特殊体细胞分化机制。比如珊瑚虫对配子同步排出所需相关环境因子的感知，鱼类雌雄个体的追逐，爬行类及其他动物雌雄个体之间的交配等。

此外，比较上述动物中保障配子相遇的体细胞分化大趋势我们还可以发现，在提高配子相遇概率的同时，雌雄个体的交配行为，还增加了配子相遇在个体层面的选择性，表现为从随机的配子相遇（如珊瑚虫、海星），发展到特定异性个体之间的配子相遇（如哺乳动物）。甚至，如大家从目前市面上能找到的各种书籍和视频中很容易看到的，同性个体之间，还出现了对配偶的交配权争夺。这种现象在目前主流的有关性现象的说法中是最为大家津津乐道的一个话题。但其意义究竟在哪里，我们下一节再讨论。

植物中保障异型配子相遇的形式和动物有很大的不同。这在很大程度上是因为植物的形态建成策略与动物不同——植物是固着生长，多细胞结构不能移动。因此无论是在苔藓、蕨类植物的配子体还是在异型孢子囊植物的孢子体中，被包被在颈卵器或者大孢子囊中完成发育的卵细胞都是不能移动的，只能借助精细胞的移动而实现配子相遇——与此形成对照的，是在动物中，无论是体外受精还是体内受精，精卵细胞或其载体双方都是可移动的。植物中精细胞的移动机制，总体来说可以分为两种：一是自主型，如前面提到的苔藓、蕨类植物，精细胞从其形成的多细胞结构中被释放出来后，在水的媒介中，借鞭毛而移动；一是运载型，这种类型相对而言比较复杂，先是小孢子（在种子植物中又叫花粉）从二倍体多细胞结构（小孢子囊）中被释放出来，以小孢子为载体实现长距离散播，然后再以作为单倍体多细胞结构的丝状体——花粉管作为运载工具实现短距离定向运送（从裸子植物的株孔或者被子植物的柱头，把精细胞送到卵细胞附近），最后再借助花粉管的一些特殊机制，如花粉管顶端爆破，把精细胞送到卵细胞旁边，实现配子相遇。

如此一来，我们发现，无论是动物还是植物，作为多细胞真核生物，既然异型配子都在多细胞结构的保护之下完成分化，那么这些多细胞真核生物也就不得不分化出相应的保障异型配子相遇的体细胞结构，否则这些多细胞真核生物将因无法完成有性生殖周期而无法繁衍生息。承担保障异型配子相遇功能的体细胞分化，与保障异型配子形成的体细胞分化不仅在功能上不同，在形态结构上也不同。而且，无论是动物还是植物，保障异型配子相遇都是一个动态的过程，其中不仅包括了一些特定形态结构的分化，还包括特定形态结构的形变（包括生长），或者叫行为。对这些具有特殊功能的体细胞分化及相关行为，我们用一个大家熟悉的概念加以概括：性行为。

对于动物而言，"性行为"所指为何大家都心照不宣。在本书第一章中提到的调查中有人不好意思提"性"，其实就是传统文化对性行为污名化的结果。其实，动物性行为的机制千差万别，但其本质非常简单，就是本节标题所提到的，"保障异型配子相遇的体细胞分化及相关行为"。动物的性行为在人类感官分辨力范围之内的表现其实非常简单，就是两种行为：第一，求偶（包括交配）；第二，交配权争夺。

对于植物而言，因为植物固着生长，没有如绝大多数动物那样的个体移动，把保障异型配子相遇的体细胞分化称为"性行为"似乎有些反直觉。但从实际过程看，无论是精子器开裂释放精细胞、精细胞鞭毛驱动的移动,还是花粉管生长、花粉管顶端爆炸,这些不都是细胞形变吗?不都可以因细胞形变而被视为"行为"吗?从这个角度讲,把植物中保障异型配子相遇的体细胞分化及相关行为称为"性行为"不仅言之成理,而且言之有据。

基于上面的分析,我相信大家可以总结出:在多细胞真核生物中,在一些体细胞分化的保障下,异型配子形成之后,在另外一些体细胞分化的保障下,异型配子得以相遇。这样,有性生殖周期得以完成。所以,所谓的性现象,从生物学层面上,实际包括了从起源、功能,到形态结构都完全不同(当然是彼此联系)的三个过程(或者说事件):性——异型配子的区分(包括其形成过程,在单细胞层面的现象);性别分化——保障异型配子形成的体细胞分化;性行为——保障异型配子相遇的体细胞分化及相关行为。

对于不熟悉生物学的读者而言,生物的多样性常常为大家理解生命系统中原理的同一性带来巨大的困扰。为了帮助大家更好地理解有关性现象的原理同一性,我做了图 5-1,对前面所介绍的各种情况做一个简单的梳理。

从这个图我们可以发现,单细胞真核生物中只有异型配子和异型配子形成过程,即"性",既没有保障异型配子形成的体细胞分化,即"性别分化",也没有保障异型配子相遇的体细胞分化及相关行为,即"性行为"。性别分化和性行为都是多细胞真

126 | 万物有性？

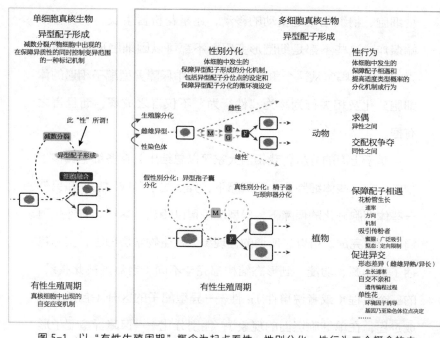

图 5-1 以"有性生殖周期"概念为起点看性、性别分化、性行为三个概念的内涵及其相互关系

左侧方框内表示单细胞真核生物中出现"有性生殖周期"现象。异型配子形成是有性生殖周期中的一个构成事件。异型配子之间存在的差异是"性",即 sex 一词的核心内涵。

右侧方框内表示多细胞真核生物。我们在正文中论证过,多细胞真核生物是在有性生殖周期三种核心细胞的两个间隔之间插入多细胞结构的产物。因此有性生殖周期的存在是前提,也自然有异型配子形成这一过程。但多细胞结构的存在衍生出另外两个过程,即性别分化和性行为。这两个过程从功能上在动植物之间没有差别,但在形式上却呈现完全不同的样式。

动物的性别分化以生殖腺为中心。在不同动物中围绕生殖腺分化的稳健性而出现不同的类型:如仅仅是生殖腺向卵巢或者精巢分化;除了生殖腺分化外,还增加个体其他部分的分化(如通过第二性征表现出来的雌雄异型);因决定生殖腺分化基因引发的染色体连锁效应而出现的性染色体,以及生殖腺分化在染色体层面上的决定等。箭头表示对生殖腺分化调控在不同层级上的强化。动物的性行为主要表现为求偶和交配权争夺。

植物的性别分化本质上是发生在配子体世代的精子器和颈卵器的分化,我们称之为"真性别分化"。但对于种子植物而言,因为异型孢子囊的出现和配子体世代的压缩,异型孢子囊分化所衍生的"渠化效应(canalization)"可以实现保障异型配子形成的功能。可是,因为异型孢子囊分化并非源自与异型配子形成的关联,因此我们称之为"假性别分化"。植物虽然原则上体细胞结构不能移动,因此谈不上"行为",但在植物中的确存在保障配子相遇和选择相关的体细胞分化/生长过程。我们将这些过程也归为"性行为",主要有保障配子相遇的过程和促进异交的过程。

核生物特有的现象。

另外我们可以发现，相比于性别分化，动植物中的性行为所涉及的体细胞都要更为多样和复杂。在动物中，性别分化以生殖腺分化为中心，衍生出第二性征，可是性行为就涉及整个个体的各个方面。在植物中，性别分化已经比较复杂了，可是性行为却更加复杂。比如在保障异型配子相遇的机制中，除了承载短距离配子运输的花粉管生长之外，还出现与不同的小孢子长距离散播过程中与不同传粉媒介相匹配的结构，如与风媒相匹配的羽毛状柱头，与虫媒相匹配的鲜艳的花瓣、多样化的蜜腺，乃至一些兰花中出现的拟态等。相应于动物交配权争夺的功能，植物中的实现形式是避免自花授粉。其中的机制又是千差万别，从形态生理层面的雌雄蕊异长或异熟，到分子层面的自交不亲和、器官发育层面的单性花，再到器官功能层面的雄性不育等，不一而足。

了解了"性行为"这一概念的内涵，看到了动植物演化进程中保障异型配子相遇的体细胞分化及相关行为的复杂性增加趋势，一个顺理成章的问题一定无法避免，那就是即使可以理解动植物作为多细胞真核生物需要一套体细胞分化机制来保障配子相遇，完成有性生殖周期，即求偶，为什么动物会演化出交配权争夺呢？这种机制演化背后的驱动力是什么？而在植物中，好不容易发展出了一套保障配子相遇的机制基础，为什么还会迭代出如此多样的避免自交或者促进异交这种看似与保障配子相遇机制相互矛盾的机制呢？

5.2 动物是"为了"传宗接代而求偶并争夺交配权吗？——直觉与反直觉

在人类的感官经验中，无论是所观察到的动物还是人类自身，性行为都是一件非常辛苦有时甚至非常危险的事情——求偶（包括交配）不容易，交配权争夺更不容易。那么辛苦甚至危险的事情，动物，包括人类为什么却都乐此不疲呢？

历史上一个主流的解释是，动物之所以不辞艰辛地投入性行为，是为了传宗接代。这种观点发展到极致的形式，就是道金斯在《自私的基因》一书中所说的，基因要复制自己，因此劫持了动物个体作为自我复制的载体。这种说法乍一看，似乎既回答了生物体为什么不仅不辞艰辛地求偶、交配——保障异型配子相遇，找到和自身配子携带基因匹配的另一半，而且还回答了生物体为什么要不留情面地争夺交配权——让自己的基因更多地保留下去。可惜，这种说法是经不住推敲的！

首先，基因不过是一段 DNA 片段。没有人知道其碱基排列方式最初是如何形成的，但知道 DNA 片段的碱基排列方式常常会发生随机的改变。既然碱基排列方式的改变是随机的，那么说一段 DNA 片段中的排列方式有"自主性"就引入了一个反果为因的逻辑悖论。另外，DNA 片段上的碱基排列方式可以决定蛋白质的氨基酸排列方式，从而决定蛋白质的功能。可是，从DNA片段到蛋白质合成，甚至DNA片段本身的复制，并不是由DNA片段自身决定的，而是依赖于其他因子或者组分的参与，或者是不同组分互作的结果。从这个意义上讲，DNA片段上所承载遗传信息的传递和表达并不是自主的。DNA片段上碱基排列方式的形成是随机的，DNA片段所承载功能的实现也不是自主的，那么被称为"基因"的这些DNA片段主体性何在？既然没有主体性，"自私"又从何谈起？

其次，如我们在前面介绍有性生殖周期概念时提到的，在真核细胞中，不仅减数分裂会增加DNA序列的变异，而且异型配子相遇，其实是在下一代合子中引入了原本没有的变异。更不要说细胞分裂本身的功能其实并不是"为了"传宗接代，而不过是细胞这个被网络组分包被的生命大分子网络在正反馈自组织属性驱动下，一种维持以体表比为指标的稳健性的机制。细胞数量因分裂而增加不过是细胞分裂这种维稳机制的副产物。从细胞分裂与增殖之间因果关系的视角变换来看，DNA之所以复制，并不是其中的基因"为了"保持甚至扩增自己，而是DNA作为网络组分，在生命大分子网络正反馈的情况下，不得不复制，以保障网络扩张所需的蛋白质生产流水线可以提供所需的零配件[①]。否则，DNA作为组分而存在的生命大分子网络将无以为继。没

---

① 白书农，2023，《生命的逻辑——整合子生命观概论》，北京大学出版社。

有生命大分子网络，也就没有 DNA 分子的存身之处。换言之，DNA 复制是生命大分子网络稳健性维持机制的一个环节。我们不能因为 DNA 中一些片段保持蛋白质信息而将生命系统的本质及其规律简化为"基因"，即 DNA 片段的本质及其规律。

最后，在我们目前所研究的生命系统中，基因复制的基本单位其实并不是那些具有特定编码信息的、被称为"基因"的 DNA 片段，而是包含很多基因和数量巨大的非编码碱基序列的整个 DNA 分子。作为基因的 DNA 片段本身，并不能决定自己是不是和如何复制。显然，在"自私的基因"的表述中，作者有意无意地回避了已经被大量实验检验过的生物学事实。

从上面的分析可以看出，如果按照"自私的基因"的逻辑，有性生殖根本就不应该出现——那违背了基因要保存和扩张自身的诉求，因为有性生殖引入了其他的碱基排列方式。可是如果没有有性生殖的现象，"自私的基因"的说法就失去了其存在的意义——因为这种说法原本是为了解释有性生殖为什么会出现。当然，从历史文化的角度，我可以理解道金斯提出"自私的基因"的初衷。他是希望寻找一种表述，帮助读者从神创论的思维定势中跳出来，接受演化的思想。可惜，他的这种表述其实引入了一种神创论的变体——决定论，而且没有跳出传统生物学观念中或隐或现的目的论窠臼。他的观点之所以大行其道，很大程度上是迎合了公众在有关性行为和有性生殖方面基于感官经验的直觉，即动物之所以不辞艰辛地投入性行为，就是为了传宗接代，否则物种将无法保留。他只不过根据现代生物学知识,把这种"为了传宗接代"的单位,从感官经验范围之内的个体,推理到了感官经验范围之外的基因上。

那么,怎么才能揭示有性生殖,尤其是性行为这种感官经验范围内的现象背后的奥秘呢?我们在前面提到,人类对周边世界的认知是从感官经验开始的。可是,在人类作为一个物种出现的时候,我们身边能被感官辨识的生物也已经完成了它们的演化过程。人类所能辨识的,只不过是处于当下演化阶段的生物种群繁衍生息的过程。至于这些过程的起源,早已消失在漫长的演化长河之中了(图 2-1)。因此,在感官经验范围内,要想追溯我们观察对象的由来,基本上只能靠人类的想象,因此也难免众说纷纭。

所幸在"两镜"发明之后,人类得以突破感官分辨力的局限,在"眼不见"的更大范围内,了解周边实体的存在,了解实体之间的关系,并在此基础上追溯实体的由来。在过去几百年对地球生物圈千姿百态的生物类型的描述与拆解,对彼此之间关系的梳理与构建,以及相关的大量实验证据基础上,生物学家有理由借助不同物种之间结构功能复杂程度的比较,对业已消失的演化过程及其可能机制进行重建,并在此基础上提出有关重要演化创新事件出现的可能机制,起码是可能原理的可供实验检验的假说。我们在前面章节中提出的有性生殖周期的概念、性现象是真核生物特有现象的概念,以及对性、性别分化、性行为概念内涵的梳理与界定，所用的都是这种方法。

如果上面的方法是成立的，那么显然我们应该跳出感官分辨力的局限，从真核生物同一性原理，即图 5-1 中所表示的，作为多细胞真核生物形态建成主干的有性生殖周期的角度，在单细胞真核生物和多细胞真核生物的比较中，来分析性行为真正的功能。

我们先来看看单细胞真核生物中的情况。

在前面讨论有性生殖周期时曾经提到，有性生殖周期是真核生物中一次经过修饰的细胞分裂——一个二倍体细胞，被周边环境因子的特定改变诱导进入减数分裂，形成四个单倍体细胞；然后，尽管单倍体细胞常常也可以独立生存，但如果遇到另外的环境因子改变，则被诱导进入异型配子形成；最后，异型配子两两融合，四个单倍体细胞又变成两个二倍体细胞。

在这个过程中，减数分裂可以增加基因组的变异。这个过程显然为应对不可预测的周边环境因子改变准备了更多的可能；异型配子分化在保障基因组差异的同时将差异程度控制在适度的范围；而异型配子融合则除了保障细胞从单倍体恢复到二倍体之外，还有一个重要的功能，即保障新形成的二倍体细胞能够有效地整合变化了的环境因子。或者说对单倍体细胞在变化了的内外相关要素（基因组变异和周边环境因子）状态下的整合能力（即被网络包被的生命大分子网络的稳健性）加以选择——因为，只有在变化了的环境因子中能维持生存的单倍体细胞才可能相遇，实现细胞融合，形成下一代的二倍体细胞。尽管单细胞真核生物在配子层面上的相遇是随机的，但只有存活才能相遇的这种特点，与减数分裂增加基因组变异一起，赋予有性生殖周期以细胞集合的形式应对不可预测的环境因子改变的能力。恢复细胞二倍性在人们讨论异型配子融合的生物学意义时是被广为认同的一个功能。但"只有存活才能相遇"这一点，因为传统上主要以多细胞真核生物为观察和研究对象，很遗憾地很少受到人们应有的关注。

我们在前面分析过，性行为的本质，是多细胞真核生物中保障异型配子相遇的体细胞分化及相关行为。现在，我们从单细胞真核生物有性生殖周期中三个关键事件的功能分析中，论证了异型配子相遇、融合的功能实际上有两个：一个是恢复细胞的二倍性，另一个是对单倍体细胞在内外相关要素变化后，生命大分子网络稳健性的选择。从异型配子相遇、融合具有双重功能的角度看，我们就很容易理解，性行为作为多细胞真核生物保障异型配子相遇的体细胞分化及相关行为，虽然在配子融合层面上因只能在单细胞层面上发生，其他的体细胞分化帮不上忙，但对于保障配子相遇，以及配子相遇的第二个功能，即在内外相关要素变化后生命大分子网络稳健性的选择上，其他体细胞分化所提供的配子自身之外的支持和保障，是单细胞真核生物望尘莫及的。

5.2.1 动物性行为中的求偶

我们在上一节中提到，在动物演化过程中，性行为的模式出现过一个从体外受精到体内受精的变化，体外受精也出现过从随机排出配子、任由配子随机相遇，到配子携带者在个体层面上发生选择的变化。这种变化的优越性在哪里呢？首先当然是提高了配子相遇的概率。其次，是引入了异性个体之间对交配对象的选择。我们前面讲到，对于体内受精的动物（人类最为熟悉和关注的动物类群）而言，虽然配子在体内不能任意移动（被多细胞结构保护起来），但作为配子载体的个体却可以移动。既然可以移动，那么异性个体就有可能对交配对象做出选择。可是双方都"看"不到对方的配子，更无法了解对方配子的基因型，根据什么选择呢？

我们前面提到，动物作为多细胞真核生物，其相关要素的整合（即取食）主体是个体，逃避捕食者的主体也是个体。如果说对于单细胞真核生物而言，是只有存活的配子才能相遇，那么对于多细胞真核生物而言，则是只有存活的个体才能保障配子相遇。对内外相关要素变化的响应能力，即生存能力，首先反映在个体层面上，而个体的生存能力是有外在的生理学特征的。这就解释了为什么在动物中，人们总是可以观察到异性个体之间会根据生理特征，对可能的交配对象做出选择。这些选择中，既有雄性选雌性，也有雌性选雄性。

那么，这些异性个体之间的选择，即择偶的机制是什么呢？这个问题人们已经有多年的研究。现在公认的结论是激素驱动，以及在演化过程中衍生出来的，功能在于维持激素驱动所产生的求偶行为、保障有性生殖周期完成的神经系统奖赏机制。以此为前提，人们可以来问一个这样的问题：在求偶这种行为的背后究竟需不需要传宗接代这种动机？或者如果在求偶行为是激素驱动和奖赏机制这些有实证研究结果的基础上还要讨论传宗接代这种动机，那么激素驱动与传宗接代动机之间是什么关系？激素驱动是传宗接代动机的结果？还是反过来，传宗接代是激素驱动的结果？

我在上课讲到性别问题时，总会问同学一个问题：一个人为什么5岁不谈恋爱，10岁不谈恋爱，要到15岁才对异性感兴趣，甚至开始谈恋爱？源头很简单，激素驱动，或者说生理成熟。从这个意义上讲，求偶，最初只要有激素驱动这种机制就足够了，并不需要传宗接代这个动机。

可能有人会争论：达尔文的演化论不是讲生物行为最终都是要繁衍后代吗？人们还将这种逻辑从多细胞真核生物上溯到单细胞生物。可是，我们前面讲到，细胞分裂的功能，本质上是以维持体表比为形式，维持细胞这种被网络组分包被的生命大分子网络的稳健性。细胞分裂过程中细胞数的增加，不过是具有正反馈自组织属性的生命大分子网络在细胞化情况下维持稳健性的副产品，并不需要细胞"为了"繁衍后代这样一个"动机"。这一点无论对于没有性现象的原核生物还是对有性现象的真核生物都是一样的。对于单细胞真核生物而言，有性生殖周期完成是一个二倍体细胞变成两个基因组层面上出现变异的新一代二倍体细胞。此时在细胞数量上的增加，本质上和其他细胞分裂维持体表比所衍生出的细胞数量增加并无二致。有性生殖周期的独特之处，在于引入了一个全新的、与真核细胞特有的以细胞核为中心而集约和优化的网络调控机制相匹配的、响应内外相关要素变化的机制。没有有性生殖周期，真核生物无法有效地响应内外相关要素不可预测的改变。在有性生殖周期完成过程中，二倍体细胞或者多细胞个体数量的增加，不过是生命大分子网络稳健性维持机制的副产品。这才是达尔文演化理论的核心思想，descent with modification（有饰变的传承）的真正含义。

从这个角度看，动物作为多细胞真核生物在维持自身运行稳健性过程中，完成有性生殖周期的过程，由内在的激素驱动多细胞结构层面上个体行为改变，替代单细胞真核生物在外在胁迫诱导下启动配子形成、实现配子相遇，来保障求偶、保障配子相遇足矣，根本不需要"传宗接代"这样一个人类想象出来的"动机"。我曾提出过一个比喻，在地球表面形成的生命系统非常类似于河流里的漩涡。漩涡一定要在不断的旋转中才可能存在，而且只在当下存在。漩涡的发生有一个过程，但没有、不需要有、也不可能有预期或者动机。当然，人类之所以会想象出"传宗接代"这个具有预期含义的"动机"，而且能在全世界不同人类居群中不谋而合地代代相传，自有其独特的道理。这个问题我们在下一章再进一步讨论。

5.2.2 动物性行为中的交配权争夺

前面，我们对动物性行为中的求偶，即异性个体之间的吸引与选择现象背后的机制做了解释。基于上面的解释我们可以发现，有了求偶的过程，配子相遇是有保障了。可是，为什么还会出现同性个体之间的交配权争夺呢？

以"自私的基因"的说法，是每一个基因都希望尽可能地保留自己、扩增自己。可是，我们上面的分析论证了"自私的基因"的说法不仅在事实上缺乏生物学基础，在逻辑上也无法自洽。那么同性个体之间对交配权争夺的现象怎么解释才比较合理呢？

对这种现象的合理解释，需要追溯到伴随真核生物出现而出现的两个主体性问题。

我们在第三章中提到，在单细胞真核生物中，作为生命大分子网络的运行主体和对周边相关要素变化的响应主体，这两个功能分别由两部分承担：单个细胞是作为网络运行的主体，而细胞集合则是对周边相关要素变化的响应主体。考虑到环境因子（即周边相关要素）是生命系统的构成要素，一个生命大分子网络如果无法有效地整合周边相关要素的变化将无法维持自身的存在，我们将作为网络运行主体的动态网络单元，即单细胞称为"运行主体"，而细胞集合称为"生存主体"。到了动物这种多细胞真核生物，个体是整合相关要素、维持生命大分子网络运行的动态单元，成为行为主体；而居群，即个体集合，就替代单细胞真核生物阶段的细胞集合而成为生存主体。在居群中，每个成员其实是可借有性生殖周期而共享 DNA 多样性序列库的特定 DNA 多样性类型的载体。

我们在第三章中讨论过，DNA 多样性之于真核生物的意义，在于不同细胞（对于单细胞真核生物而言）或不同动物个体（主要指生殖细胞系）中的 DNA 序列会出现一些差异。这些差异如十八般兵器，在应对不可预知的周边相关要素的变化中各有所长，兵来将挡，水来土掩。由于周边相关要素的变化是持续的，细胞或者个体（尤其是动物的生殖细胞系）中 DNA 的序列变异也时有发生，按照本章前面对单细胞真核生物在有性生殖周期完成过程中配子相遇的双重功能，和作为多细胞真核生物的动物性行为的分析，我们可以发现，无论是对于单细胞真核生物的细胞集合中的不同成员细胞，还是对于多细胞真核生物中动物居群中的不同成员个体，只有存活下来的配子／个体才能相遇，完成有性生殖周期。反过来说，那些作为可以更好地整合变化了的内外相关要素的运行／行为主体的 DNA 序列多样性类型载体的细胞或者个体得以完成有性生殖周期，有助于这类 DNA 序列多样性类型在作为生存主体的 DNA 多样性序列库中占据更大的份额，从而在不可预测的相关要素不断变化中，维持这个特定生命系统运行的稳健性。

如果上面所描述的这个过程反映了真核生物中实际发生的情况，那么我们就很容易理解，同性个体之间的交配权争夺，其生物学意义实际上是强化在相关要素整合过程中更具优越性的个体的基因在居群中的传播，从而增强作为生存主体的居群总体上的生存能力。

显然，同性个体交配权争夺只有在多细胞真核生物中才可能发生。这种行为主要表现在体细胞行为的层面上。但其实，在单细胞层面，配子本身也存在彼此间的"争夺"现象。比如大家从各种媒体中看到的受精过程中，精细胞运动快慢决定了哪个精细胞可以得到与卵细胞融合的机会。还有一点特别有意思，就是在配子排出和随机受精的物种中，精卵细胞的比例有差异，但不像体内受精动物那样存在精卵细胞比例的巨大差异。我们知道哺乳动物在一次受精过程中，精卵细胞的比例可以达到几百万比一。这在单细胞真核生物中是不可想象的。如果我们上面有关性行为方面的分析是成立的，那么哺乳动物中精卵细胞比例异乎寻常的差异就非常容易解释了——这是在个体层面上发生的同性个体之间竞争的基础上，衍生出的同型配子之间"优中选优"的竞争。

我们前面提到，真核生物中富余组分自组织衍生出了对DNA叠床架屋的保护、整个网络结构的集约和调控机制的优化，以及在此基础上衍生出的很多其他原核生物所没有的全新属性。与之类似，在单细胞真核生物中出现的有性生殖周期三类核心细胞的两个间隔期中插入的多细胞结构，也为核心细胞之间的关系提供了全新的互作，并迭代出更高的生命大分子网络连接运行效率和网络总体稳健性的可能。这是整个生命系统演化的大趋势。动物中异性个体之间的求偶、同性个体之间的交配权争夺，甚至在同性个体之间交配权争夺基础上，进一步出现的同型配子之间的竞争，只不过是这种大趋势中不同层级的具体环节而已。

与同性个体间交配权争夺相关的还有一个现象，就是在性行为的讨论中经常被大家津津乐道的鹿角为什么那么大。

我曾对生命系统演化的基本模式提出一个表述,即组分变异、互作创新、适度者生存。大家在本书前面部分的阅读中,一定注意到,我在不同的地方都特别强调稳健性:细胞分裂是以维持体表比的形式在维持生命大分子网络运行的稳健性,真核细胞出现两个主体,也是在维持真核细胞作为一个生命系统存在形式的稳健性。之所以特别强调稳健性,是因为在我看来,生命系统的主体,是生命大分子网络。而生命大分子网络的连接,是"三个特殊",即特殊组分在特殊环境因子参与下的特殊相互作用。无论是"三个特殊"还是生命大分子网络,都是一个动态过程。因此,稳健性无论对于网络总体还是网络连接,都是一个至关重要的属性。

我们知道,在一个动态的网络中,相关组分及其连接都处在不断的变化过程中。因为生命大分子网络组分和连接的群体性与异质性,这些变化不可能是整齐划一的。一定是有变有不变,变化中的种类有多有少、速度有快有慢、程度有强有弱。如果作为网络连接的"三个特殊"中自发形成和扰动解体的速率差异过大,不可避免地会降低复合体和整个结构换能量循环的存在概率。如果网络中不同连接之间的变化差异过大,不可避免地会对网络整体的稳健性产生冲击,甚至导致网络崩溃。显然,在一个动态网络中,因为相关要素在不断地变化,要让连接保持不变是不可能的。维持网络存在的唯一办法,就是维持动态网络运行的稳健性。具体的机制就是各种正反馈和负反馈。

从网络运行原理的视角来看动物个体的形态建成及其行为，我们就很容易理解在演化生物学中让很多学者感到困扰的鹿角为什么会变得很大的现象：雄性个体的强壮有各种表征，鹿角是其中之一。在一个具有稳健性的个体中，个体不同表征的发育应该是同步的或者是协调的。但这种同步/协调是相对的。由于鹿角是同性个体交配权争夺中的重要方式，具有强壮鹿角的个体获胜的机会比较大，因此这个性状被保留甚至被强化的概率也比较大。可是，在这个过程中完全有可能出现鹿角的发育速率阴差阳错地逃脱了维持与其他个体表征发育同步/协调的调控机制、变得超大的可能。在这种情况下，虽然具有超大鹿角的个体仍然可以获得在交配权争夺中的优势，可是却为自身的生存带来了不便。这和前面提到的性行为背后是不是具有或者需要"传宗接代"的动机的情况是一样的：具有超大鹿角的个体并不是"为了"获得交配权争夺的优势而让自己的鹿角变大，鹿角变大不过是它自己也无法控制的稳健性维持机制在这个性状上失控的结果而已。因为鹿角变大的现象是在人类感官经验范围内所能感知到的现象，这类现象于是也可以用一个人们在总结感官经验时得出的经验性智慧来解释。这个反映了生命系统演化中"适度者生存"特点的经验性智慧就是"过犹不及"。

我曾经专门研究过在演化生物学上有关鹿角变大现象的相关讨论。早在 1930 年，群体遗传学的奠基人之一 Ronald Fisher 就曾经描述和讨论过这个现象。而且还因此出现了一个

Fisherian runaway（费希尔逃逸，也译为费雪逃逸）的说法。在我的理解上，所谓的 Fisherian runaway，应该就是上面讨论到的，个体作为一个网络，其中某个特征的发育过程在个体稳健性维持机制中失控的表现。

5.2.3 植物"性行为"中的促进异交

植物中保障配子相遇的体细胞分化及相关行为演化过程背后的驱动力，本质上与动物求偶没有区别。都是各种随机的"组分变异"和"互作创新"中，以"适度者生存"为原则而被保留下来的。理解植物"性行为"与动物性行为现象及其机制的不同之处在于，好不容易演化出了解决固着生长所带来的雌雄配子空间距离的机制，却在这种机制上迭代出了避免自交或者说促进异交的机制。

这个问题从有性生殖周期这个关联两个主体的三个关键事件，即减数分裂、异型配子分化、异型配子相遇融合的各自功能上，很容易得到逻辑自洽的解释。

首先，保障异型配子相遇对于有性生殖周期完成过程而言，是不可或缺的。对于植物而言，因为其固着生长的特点，种子植物出现之后，雌配子被包被在二倍体多细胞结构之中，如果没有保障配子相遇的体细胞分化，把雄配子送到雌配子身边，有性生殖周期就无法完成。因此，保障异型配子相遇的体细胞分化及相关行为（如花粉管生长）应该优先出现。

我们知道，种子植物都是异型孢子。在裸子植物中，大小孢子囊着生的体细胞结构在空间上是分开的，比如松树中长松子的松塔（大孢子囊生长的地方）和长花粉的小孢子囊通常着生在植株的不同分枝上，银杏的大孢子囊和小孢子囊甚至长在不同植株上。无论是类似松树这样的雌雄同株异枝，还是银杏这样的雌雄异株，大小孢子囊生长的微环境多少都是有所不同的。而且，这些植物靠风媒传粉。花粉/小孢子落在哪个大孢子囊所着生的胚珠珠孔上是随机的。按照配子"生存才能相遇"的原理，那些能落在珠孔上并萌发生长的花粉应该是具备了整合"变化了的相关要素"的生存能力的，可以有效地完成有性生殖周期完成过程中三个关键事件的生物学功能。

可是到了被子植物，情况就有所不同了。被子植物的一个基本特点是花的出现。而花的特点，首先是长大孢子囊的枝和长小孢子囊的枝比邻而生。这种特点的优势，自然是最大限度地缩短了异型配子之间的空间距离。这显然有利于配子相遇。可是，这种特点的副作用，则是最大限度地减小了异型配子之间整合周边相关要素变化的范围。

我们在第三章讨论有性生殖周期概念时曾经论证过，真核细胞维持生命大分子网络的运行与保障整合不可预测的相关要素变化的功能分别由两个主体来承担，有性生殖周期是两个主体之间的连接纽带。从这个角度看，被子植物大小孢子囊之间空间距离的缩短在保障配子相遇方面的优越性的同时，所产生的减少异型配子整合相关要素变化范围的副作用对于生命系统的生存而言是致命的。于是，在保障异型配子相遇的机制——花粉管生长，这是一个在裸子植物中已经存在的机制——基础上迭代出避免自交，甚至促进异交的体细胞分化及相关行为，就变得顺理成章，很容易理解了。

记得 2010 年在英国参加植物有性生殖相关的国际研讨会时，我介绍的是我们实验室有关黄瓜单性花研究的工作，以及有关单性花发育不是性别分化机制，而是促进异交机制的观点。一位国际著名学者曾在私下对我的观点提出了疑问，说如果单性花是促进异交机制，为什么在有的单性花植物中还会出现自交不亲和？当时一方面我对他所提出的例子并不了解，另一方面，我刚刚形成单性花发育不是性别分化机制，而是促进异交机制的想法，还没有提出"有性生殖周期"的概念。因此，对他的质疑无言以对。现在，基于上面的分析，对这位教授的质疑就变得很容易回答了：各种避免自交或者促进异交的机制都是基于随机的组分变异和互作创新而发生的。组分不同，在同一物种中出现功能类似的不同性状，比如在分子层面的自交不亲和与器官发育层面的单性花，完全没有相互冲突的理由，为什么不可以同时发生呢？

可能有的读者会进一步追问，在出现避免自交或者促进异交性状的植物中，异型配子怎么相遇呢？当然是异花或者异株的异型配子相遇呀！在这里可能要分享一个我在研究过程中的感受。在做实验过程中，总是要追踪特定的对象，无论是植株、器官、细胞还是分子，否则我们无法对实验结果做任何有意义的解释——因为你说不清你观察和描述的究竟是什么。在这个过程中，研究者常常会形成一种思维定势，即总是以特定对象的行为作为相关现象的解释。可是在现实的生命系统运行过程中，无论是在植株、器官、细胞还是分子层面上，永远有很多类似的对象在同时运行，如前面讲到的哺乳动物受精时永远有上百万精细胞同时在运动。植物的性行为也是一样。无论是什么媒介传粉，最后落到裸子植物的珠孔或被子植物柱头上的永远是多数的花粉。如前面讲过的 DNA 序列多样性库一样，十八般兵器预备在那里，总有一款是有用的。在落到柱头上的花粉中，自体的花粉生长被抑制了，异体的花粉不就可以生长，最终实现异型配子相遇了吗？

当然还有另外一个问题，即很多被子植物的确是自花授粉的。至于说为什么，这个问题其实还是挺复杂的。在达尔文的著述中，他很强调自交衰退，杂交优势。可是在人类动植物驯化过程中，常常以纯系为荣。有关这一点，我曾在《十的九次方年的生命》一书中做过讨论。我认为，所谓的"优劣"，关键是从人类的角度看，还是从生物的角度看。对这个问题，我们在这里就不再多加讨论了。

5.3 性行为的功能既非利己，也非利他，而是利群！

在历史上有关人类自我认知的讨论中，人类的本性究竟是善还是恶，是利他还是利己，一直是一个莫衷一是的话题。在达尔文之前，西方社会常常会以神为参照系来进行争论。而在达尔文之后，因为达尔文论证了人类来自灵长类动物，有人为了寻找这类问题的答案，把分析的对象拓展到其他生物，试图以动物甚至动物之外的生物为参照系。于是利己还是利他这种对行为背后动机的解读，从有行为动机可解释的人类，外溢到了其他生命子系统，衍生出了动物甚至细菌、病毒究竟是利己还是利他的问题。有趣的是，因为人们在感官经验中发现动物都有"贪生怕死"的特点，生物学研究的发展过程中还出现了前面提到的道金斯的"自私的基因"观点，姑且不说人类历史上形成的感官经验、基于感官经验的观念体系和科学研究中的问题提出之间是什么关系，从道金斯"自私的基因"的观点来看，生物"利己"似乎是毋庸置疑的。可是，这样一来，无论在人类社会还是在动物世界观察到的利他现象，该如何给出一个令人信服的解释呢？

在前面提到的 E. Wilson 的《社会生物学》一书中就曾经为动物中观察到的利他现象给出过解释。在历史上，其实还有群体遗传学家提出过"群体选择（group selection）"的概念来解释以个体为中心的自然选择理论中难以解释的现象。可是，大概因为"群体（group）"这个概念太模糊了，"群体选择"概念在目前主流生物学观念体系中是一种边缘性的存在。与之相似，但似乎更容易做比较分析的概念"亲缘选择（kin selection）"则在文献中常常可以看到。目前一般人们用亲缘选择的概念来解释动物中有血缘关系的个体之间相互帮助的现象。可是，因为这种现象中所涉及的个体之间有血缘关系，如果细究起来，是不是会被视为扩大版的"自私的基因"呢？

我们在前面对"自私的基因"概念中存在的实验层面和逻辑层面上的问题做了分析。结论是，基因没有理由、没有必要、也没有能力"自私"。在更大的层面上，我们论证了从细胞分裂，到有性生殖周期完成，乃至动植物的性行为，本质上都不过是生命系统不同层级上的稳健性维持机制的表现。它们在演化过程中的不同阶段自发形成，并因适度者生存而被保留下来。人们观念中生物的行为都是"为了"传宗接代的表述之所以会形成，一方面可能是因为研究过程中不得不以演化进程的结果为参照系来检验和解析，这种"逆流而上"的研究策略很容易给出"反果为因"，其实是目的论的解释。另一方面则可能是在过去的生物学，尤其是群体遗传学研究中，虽然大家都知道有性生殖在生命系统演化中的重要性，知道 DNA 多样性维持物种生存的重要性，但在操作层面上，除了在涉及性别差异的特殊性状上，对于绝大部分表型的讨论，都是忽略性别差异的（很多时候的确也无须考虑这些差异）。再加上其他的历史文化原因，人们常常把居群看作是很多个体的集合，而在考虑居群行为的数学描述时，个体又被简化为物理学上的质点。由于质点是一种人为想象的概念，质点之间被设定为没有差异，在这种范式下，不可能出现我们在前面提到的"两个主体性"的概念。另外，人们对其他动物的关注有意无意地是以人类自我的需求为中心，而人类的有意识行为常常是有目的的,因此,在试图理解生物行为的动机时,最简单的解释,就是拟人化地想象动物的行为也是有目的的。顺着这个逻辑,生物行为的最终目的除了传宗接代还有什么呢?如果是传宗接代的话,那不就是利己吗?放到基因层面上来看,不就是"自私的基因"吗?

如果上面的分析是成立的。那么显然,前面谈到的性行为的驱动力是为了传宗接代的解释,以及从基因方面论证利己现象的努力,可以被视为缺乏对真核生物两个主体性的了解所衍生出的误解。如果从真核生物两个主体一个纽带的角度看,从"三个特殊"到不同层级上的生命大分子网络稳健性的维持,是生命大分子网络存在的前提。这种稳健性的维持,不过是不同自发过程在能量关系上的适度状态而已。人们大概不会说水往低处流是水为了奔向大海,自由落体运动的发生是物体为了亲近大地——后者是亚里士多德对这类现象的解释,这已经在经典力学的时代被证否了。可是,人们为什么还如此钟情于用目的论来解释生命系统的现象呢?

如果生命系统在不同层级上并没有所谓的私利(人类的情况比较特殊,我们在下一章专门讨论),也就无所谓利己,那么有没有"利他"呢?我们前面提到,从真核生物的两个主体的角度来看,动物性行为中的交配权争夺现象之所以被保留下来,不过是因为这种行为能强化有利于整合子连接效率和网络稳健性的基因在居群中的传播。在这个意义上,历史上流行的交配权争夺是

"为了保留和扩张自身基因"的解释其实是一种误解。这种行为得以保留下来的优越性在于"利群"而不在于"利己"。

细心的读者可能会注意到，本节一开始不是在问"利他"吗？在这里怎么冒出一个"利群"了？这里其实涉及一个语义学的问题："他"究竟指谁？一般而言是指第三者。可是在我们讨论所谓"利他"的时候，这个第三者是谁？有特指吗？如果没有特指，这时的"利他"是不是泛指所有的"第三者"呢？如果是所有的"第三者"，这不就是可共享 DNA 序列多样性库的所有居群成员吗？这时的"利他"不就是"利群"吗？如果实际情况的确如此，那么历史上那么多年困扰着思考人性的哲学家的"利他"究竟是什么，或者说"利他"有没有生物学基础的问题，如果用"利群"来替代，那么动物性行为中的交配权争夺，不就是一个典型的"利群"的生物学案例吗？说到这里，让人不得不又想到维特根斯坦的那句话：一旦新的思维方式被建立起来，许多旧的问题就会消失。

"群"这个字在《说文解字》中的解释是："辈也。从羊君声。"段玉裁对"辈也"注释："若军发车百两为辈，此就字之从车言也。朋也，类也，此辈之通训也。《小雅》：'谁谓尔无羊。三百维群。'犬部曰：'羊为群。犬为独。'引伸为凡类聚之称。"从这个解释中可以发现，"群"这个字多代指的是一个类别中有多个个体，对个体之间的差异并未予以关注。类似的情况在英文中也同样存在，如上面提到的 group，还有在群体遗传学中代指"群体"的 population。这些词在日常乃至科学语言中表达很多个体的意思是足够的。可是，如果从真核生物有两个主体性，作为生存主体的居群，其特点是在个体之间共享多样性 DNA 序列库的角度，尤其是上面提到性行为的功能是促进有利基因在居群中传播的角度，"利群"这个意思用什么英文词来表达，就成了一个问题。

我请教过一些母语为英文的专家，甚至一些学习过德文的专家（历史上很多英文的专业词都来自德文），想了解有没有描述我们这里谈到的对居群有利的行为，即"利群"的专门词汇。请教的结果是没有。这种情况也可以理解——因为在基督教文化的历史上，人群常常是作为被上帝牧养的羊群比喻的。为了在真核生物两个主体的前提下，有效地表达对居群有利的行为，我觉得有必要专门造一个与中文"利群"相应的英文词。通过"利己"——egoism 和"利他"——altruism 两个词的构词方式，我造了 ethnoism[①] 这个词来表达"利群"，即有利于生存主体的行为或过程。

---

① 这个词借用了 ethno 这个希腊词根中"族群"，即共享血缘、文化关系的一群人的涵义，突出其共享血缘，即在不同个体间共享多样性的 DNA 序列库的含义，用来描述真核生物中的生存主体。这样就可以在需要时，避免在如 population、group 等词中缺乏对成员之间差异性关注内涵而产生的误导。

第三篇

人类性观念的起源、功能、演化

6

人之为人与人类性观念的起源

从第二章开始，我们用了四章的篇幅，从整合子生命观[①]这个新的视角，论证了什么是"性"，什么是"性别分化"，什么是"性行为"。我希望前面的论证可以支持这么几个结论：

第一，异型配子是性现象的源头——尽管对于人类而言，"性"这个符号最初源自对自身乃至周边其他动物雌雄异体现象的观察。因为异型配子只有在真核细胞中才出现，性现象是生命系统演化到真核生物的阶段才出现的现象，在原核生物中是没有的。因此，性现象不是生命系统共有的现象，而是真核生物特有的现象。

第二，性别分化和性行为都是多细胞真核生物才出现的现象。这两种现象都是体细胞分化及相关行为。它们的生物学功能一个是保障异型配子的形成，另一个是保障异型配子的相遇。这

[①] 白书农，2023，《生命的逻辑——整合子生命观概论》，北京大学出版社。

两类多细胞真核生物中出现的体细胞分化从起源到分化过程，是两个彼此独立但又以有性生殖周期的完成为主干而相互关联的生物学过程。

第三，有性生殖周期是伴随真核细胞出现而不得不出现的一种维持生命系统稳健性的策略。看上去多姿多彩甚至让人眼花缭乱的动植物性别分化和性行为，本质上不过是在完成有性生殖周期这个真核生物不可或缺的生命系统稳健性机制的基础上，叠床架屋，在"组分变异、互作创新、适度者生存"的基本模式下出现的衍生物。很多看上去令人困惑的自然现象——比如性行为中动物不辞辛劳的付出、植物千辛万苦地演化出介导雌雄配子跨越空间距离的相遇机制却又衍生出避免自交的机制——其实都不过是不同物种在其所处的相关要素分布状态基础上，适度者生存的结果。如同水往低处流一样，没有、也不需要有任何"动机"。甚至在人类观念体系中几千年来争论不休的"利己"与"利他"的问题，也不过是因为早年人类的感官分辨力的局限，无法发现真核生物存在两个主体性这个事实，从而衍生出的类似《列子·汤问》中的《两小儿辩日》式问题。我们知道，两小儿辩日的问题已经因现代天文学和物理学的发展而有了令人信服的解释。那么与人类自身有关的"利己"与"利他"的问题，可不可以伴随着现代生命科学的发展，因"利群"概念的提出而获得令人信服的解释呢？

我们在引言中提到，当今世界上全部人类所属的智人，在生命系统演化历史中是个新来者。按目前所能找到的证据，智人的出现迄今不过二三十万年。而真核生物的出现目前所知应该有二十亿年左右，作为多细胞真核生物的动植物的出现也有好几亿年。从这个时间尺度上，我们可以清楚地看到，性现象，无论是异型配子、性别分化还是性行为，在生命系统中的出现远远早于智人出现。换言之，我们现在这些人类出现之前，性现象就早已存在了。考虑到人类是出现于七千万年前的灵长类动物的一个分支，在大概五百万年前才和黑猩猩这个近亲分道扬镳，性现象对于人类而言不仅是与生俱来，而且是如影随形的。

如同河流中的漩涡无须问自己从哪里来，如何旋转，到哪里去，都不得不随波逐流地旋转一样，在人类出现之前，所有的真核生物，无论是单细胞真核生物还是多细胞真核生物，都不得不在两个主体一个纽带的共同模式下，维持自身作为一个生命系统子系统的存在。如同漩涡无须动机一样，地球生物圈中千姿百态的真核生物作为生命系统子系统的存在也无须动机，它们不过是在相关要素的持续变换中不断调整自身网络结构的产物。网络稳健性和柔韧性高，则存在概率高，在地球生物圈中得以保留；稳健性和柔韧性低，则存在概率也就低，在相关要素的变化中难免逐步消失。可是，如漩涡消失后，原来漩涡中的水可以被其他漩涡所用一样，因子系统解体而释放出来的相关要素，也可以被其他子系统所用。

既然如此，我们人类为什么还要如此执着地关注性现象，构建出那么多的说法，形成了一个不仅在"下里巴人"而且在"阳春白雪"中都经久不衰的话题呢？

从人是生物的角度，其起源与演化并不依赖于对性现象的解释，因为其他生物无须对性现象的解释也可以繁衍生息。既然生物无须解释也可以借有性生殖繁衍生息，人类解释性现象的执念会不会有什么对人类生存有利的优越性呢？从对生命系统演化创新的发生与维持的角度看，演化创新的发生需要两个条件——可能性和必要性；维持需要一个条件——优越性。如果我们将人类对性现象的解释也作为一种演化创新来看待——毕竟在其他生物中并没有这种现象，而且因为有优越性而得以维持，那么，让这种演化创新经久不衰的优越性究竟是什么呢？

如果要寻求这个问题的答案，我们需要先对人之为人，即人类（智人）是如何从我们生活在非洲大陆一个角落的祖先家系中脱颖而出，与我们那些至今仍然生活在那个角落的近亲分道扬镳，走出非洲，成为当今地球生物圈的一个主导物种，给出一个有说服力的解释。

6.1 人之为人——认知决定生存

有关人之为人的问题，恐怕和有关性现象的问题一样久远。两个问题都是对每一个个体与生俱来的特征由来的追问。差别在于，有关性现象的问题源自对居群之内不同（男女）成员之间差异的意识以及自身的归属，而有关人之为人的问题则源自对居群之外其他生物与自身差异的意识以及自身的归属。

有关人类起源，大家耳熟能详的，恐怕少不了盘古开天辟地、上帝造人、女娲造人之类的故事。当然，达尔文的"从猿到人"假说应该也已经是当今社会认知不可或缺的一部分。可是，人究竟是怎么来的这个问题，就我所知，目前人类社会并没有形成共识。

对绝大多数社会成员而言，人之为人这个问题虽然是与生俱来的，但将其作为一个问题去研究，试图找出令人信服，起码是自圆其说、经得起已知证据检验的解释，这样的人并不多。倒不是说寻找这个问题的解释需要多么大的天赋或者多么高深的学问，关键是如同多细胞真核生物并不是因为想要传宗接代而启动性行为一样，人类不仅不是因为先知道自己是人类而变成人类，人类的生存原本也并不以知道人之为人的答案为前提。每个人每一天要面对的柴米油盐、吃喝拉撒都忙不过来，哪里有时间去关心人之为人这种宏大的问题？

我也是绝大多数人中的一员。虽然小时候和所有人一样，会面临"人"是什么的问题，但在之后的求学和工作过程中，基本上没有机会去认真地思考这个问题。在北大的工作进入正轨之后，在和年轻学生（既有研究生又有本科生）的互动中，逐步意识到，有效合作的前提，其实是大家对人生预期方面的交集。可是人生的预期是如何产生的？为什么不同的人会有不同的预期？

在不同的预期中，有没有蕴含共同的东西？这些共同的东西是什么？在我们以生物学研究为职业的人看来，人当然首先是一类生物。那么这种生物和其他生物的差别究竟在哪里？不同人对人生的预期与人作为生物的那些生物学属性之间有没有关联？有什么关联？正是这些工作中出现而无法回避的问题，让我开始关注"人之为人"的问题。

在我开始关注"人之为人"的问题时，最先跳到脑海中的是"什么叫人性"。之所以如此，是因为在我的少年时代，耳闻目睹各种对"人性论"的批判。在我去武汉大学读研究生时，偶遇一位哲学系的才子。成为好朋友后，我曾问过他，你们学哲学的人怎么看待什么是人性的问题？他给我的回答是，除去人类属性中的生物性部分后，剩下的部分就是人性。

在这样一个认知背景下，我最初从生物学角度思考"人之为人"的问题时注意到，不同专业背景的人面对这个问题时，对"人"这个概念内涵的预设是不同的。比如生物学家眼中的人，首先是一个多细胞结构，而如我的那位哲学才子朋友那样的人文学者眼中的人却是除去了生物性部分后剩下的部分。可是，"人"并不是不同专业背景的人的研究领域或者研究观点拼装起来的产物。不同研究者眼中的那些特征或者属性，通过什么机制而被关联在一起的。我们虽然无法再现演化历程中人类起源的过程，但我们可以观察一个新生儿"人之为人"的过程：TA并不因自己的意愿而来到这个世界上。TA来到这个世界上时，不过是个单纯的生物体，除了饿了、不舒服了会哭闹以吸引母体的关注之外，人文学者们津津乐道的除去生物性之外的部分几乎是无！那么，这样一个生物体算一个"人"吗？TA有"人性"吗？

可是在短短的一两年时间里，这个小小的生物体不仅可以蹒跚学步，而且还可以牙牙学语。蹒跚学步自然是一个生物学过程，即个体不同部位力量的发展和协调能力的形成。可是牙牙学语是一个与蹒跚学步一样的生物学过程吗？这里面有一个非常简单的问题，就是"语"是哪里来的。如果"语"是与生俱来的，那牙牙学语应该和蹒跚学步一样，是个体原本所具备潜力的发展和展现。可是，如果这么解释，我们该如何解释不同"母语"之间的差别呢？我们知道，两个新生儿，哪怕是双胞胎，如果生活在不同语言的家庭中也会形成不同的"母语"。如果"语"不是与生俱来的，那么它是哪里来的呢？

如此看来，要寻找什么是"人性"或者"人之为人"这个问题的答案，需要面对"牙牙学语"这个人们习以为常的现象背后的问题。从学术上讲，这是一个语言起源的问题。据我所知，在语言学界，对于语言起源问题一直众说纷纭。从我所了解的知识来看，这个问题的症结，是言语（speech），即说话，是人体内神经、运动等不同系统互作的结果。基于目前对人体不同系统互作的分析方法，人类还无法追踪到这些系统中的组分变异以及组分变异后互作创新发生的时间。而与说话相关的组织又无法如骨骼那样形成化石而被保留下来。虽然从文献上看有关人类说话能力起源时间的说法从 4 万年到 10 万年都有,但这些说法其实都是在不同学者对各种只鳞片爪现象的不同取舍下构建起来的。

可是,难道找不到语言起源问题的答案,我们就放弃对"人之为人"问题的追溯了吗?有没有可能换个角度来思考这个问题呢?我发现,如果从真核生物两个主体这个角度来看,"语"从哪里来的问题,似乎并不特别难以解释。

我们在前面的章节中提到,生命系统的主体,是以"三个特殊"为连接的生命大分子网络。到了多细胞真核生物,"三个特殊"中相关要素分布的空间异位性,决定了作为取食异养的动物,不可避免地要面对食物和取食者之间存在的物理距离问题(本书引言中提到的懒人挂饼故事也讨论过这个问题)。这种物理距离并不受基因决定,而只能依赖媒介来介导。在动物演化过程中,介导食物与取食者之间物理距离的媒介经历了从实体化(水流)到信号化(光、声、气味)再到符号化(声音、体态、舞蹈)三个阶段。当然,从实体化到信号化和从信号化到符号化的迭代过程,少不了生物体多细胞结构自身的组分变异和互作创新。这些迭代事件在人类出现之前就已经在不同物种中出现了。

我曾经提出过一个看法,即人类的认知能力,即由抽象能力(将具象实体符号化的能力)、言语能力和工具创制能力的整合结果,不过是一种人类特有的符号化媒介[1]。这种媒介的独特性在

---

[1] 白书农,2023,《十的九次方年的生命》,上海科技教育出版社,第 170 页。

于,在人类祖先已经具备的抽象能力(这是基于人们对黑猩猩、倭黑猩猩符号辨识的研究所得出的结论)和工具创制能力(如黑猩猩加工草棒钓蚂蚁和僧帽猴用石头砸坚果)的基础上,增加了基于一系列基因变异、细胞分化模式改变,乃至不同部位细胞/组织的协调而衍生出来的言语能力。因为言语能力的出现,加上居群不同成员之间对声音符号所代指功能的约定,人类这个物种中的个体可以将对周边实体的辨识和对实体之间关系的想象,以语言(此时就不仅有"言语",还有声音符号所代指的功能,即语言学上的语义)为媒介表达出来。一旦个体可以将其对周边信息的感知和处理结果表达出来,就意味着个体的认知能力被外化,成为居群成员共享的认知能力。这些以符号(先是声音,后来又发展出文字)为要素所构建起来的、为居群成员共享的、对周边实体的辨识和对实体间关系的想象,不就构成了一个虚拟的世界,或者叫认知空间吗?新生儿所学的"语",不就是那些可以在作为生存主体的居群内不同成员之间共享的认知空间中的符号吗?

如果上面的分析是成立的,那么或许言语究竟是何时起源、如何起源就变得没有那么重要了。因为基于上面的分析,人类这种生物毕竟阴差阳错地出现了言语的能力,从而形成了认知能力。我们之所以成为现在的我们,不过是祖先借助这些独特能力繁衍生息的结果。

曾经,很多人说人之为人是因为人(这里指智人)可以直立行走、制造工具。后来的研究发现,可以直立行走或者制造工具的并不只有智人,而且可以直立行走或者制造工具的生物中很多或者在演化进程中消失,或者仍然生活在几百万年前对工具的利用模式中。换言之,直立行走或制造工具并不是人之为人的充分条件。为什么唯独智人走到了今天?我曾提出过一个解释,即人类认知能力的三个要素,即抽象能力、言语能力、工具创制能力之间形成了一个正反馈[①]。因为言语能力的出现,工具创制能力可以更快地在居群成员中共享。而任何对工具的改变或者因工具使用而带来的改变,都需要新的符号来标识,从而又促进了抽象能力和言语能力的发展——其结果不仅丰富了器物工具,而且拓展了认知空间。我们知道,器物工具的使用可以增强生物的生存能力。认知能力所带来的实体的器物工具发展和虚拟的观念工具发展之间一旦形成正反馈(当然也可能形成负反馈),自然会不断增加人类可以在居群成员间共享的外化生存能力。

外化的认知能力作为符号化媒介,除了为"三个特殊"相关要素的介导提供了更高的效率和时空尺度,还为真核生物的两个主体提供了一个全新的纽带。在作为行为主体的个体和作为生存主体的居群之间,在单细胞真核生物阶段是以在单细胞层面上发生的有性生殖周期为纽带而关联起来的。到了哺乳动物,两个

[①] 在我的《十的九次方年的生命》一书中,对认知能力三要素的表述,是抽象能力、语言能力和工具创制能力。现在看来,把语言能力换为言语能力更加准确。

主体之间的纽带除了有性生殖周期,以及保障有性生殖周期完成的性别分化和性行为的加持之外,还增加了"育幼",即母体对幼仔的抚育,和"共情",即不同个体间的情感共享这些更高层级的纽带。人类无疑同样具有这双重纽带。但言语能力出现、个体的认知能力可被外化、可被其他居群成员共享之后,人类就拥有了居群成员之间的一种全新关联纽带,即以语言为媒介的认知空间。

基于以上的分析,我们可以发现,因认知能力出现而衍生的外化生存能力与作为居群成员关联纽带的认知空间之间,其实也形成了一种正反馈的关系——外化生存能力越强,认知空间越大,居群成员之间的关联也可能越强。由于由实体的器物工具和虚拟的观念工具互作而形成的外化生存能力不受 DNA 序列编码,所以其发展也不受 DNA 序列自发变异的制约。加上认知空间为居群成员之间提供的全新关联纽带对外化生存能力的正反馈效应,可以很好地解释困扰包括达尔文在内的很多演化生物学家的一个问题:为什么智人能在短短二三十万年的时间内从其祖先家系中迅速地脱颖而出。

当然,人之为人并不是一蹴而就的过程。我发现,人类和其他生物的分道扬镳,除了认知能力这一演化创新之外,还要经过三次转型,即捕猎模式的转型、生存模式的转型和行为模式的转型。加上认知能力有两种形式,即实体的器物工具和虚拟的观念工具,我将这些变化统称为"人类演化 123"。由于所有这些变化的源头是认知能力的出现,我将人类与其他生物分道扬镳的过程称为"认知决定生存"的演化道路。在这条人类特有的演化道路上,我们成为今天大家身为其中一员的"人"。

因为篇幅的关系,有关认知能力起源和认知决定生存演化道路的假说不可能在这里展开论证。基本的想法概括在图6-1中。

传统上,人们讲"生物学属性"时,总是将"生物学"这个概念的范畴限制在感官分辨力可辨识的个体(哪怕辅之以显微镜和望远镜)、构成个体的细胞、指导蛋白质合成的基因,以及由一定数量个体所构成的居群这些具象的实体之内。在这个范畴之外的都不被视为"生物学属性"。这显然是历史上"生物-环境二元化"思维定势所带来的局限。跳出"生物-环境二元化"思维定势我们可以发现,人类认知能力,是生命大分子网络因基因、细胞、组织层面的变异而衍生的全新网络属性的表现。这个全新的网络,整合了人类居群成员基于约定所创制的符号。人类不仅以这些符号作为"三个特殊"相关要素整合的媒介,还以这些符号作为居群成员之间关联的纽带。认知能力的两种外化形式——实体的器物工具和虚拟的观念工具之间的互作所衍生的外化生存能力(这里所指的是正反馈互作。当然也可能有负反馈互作。但负反馈的结果就是外化生存能力的萎缩甚至危及自身的生存),来源于"生物",是生命系统运行不可或缺的构成要素,为什么不能被视为一种人类特有的"生物学属性"呢?

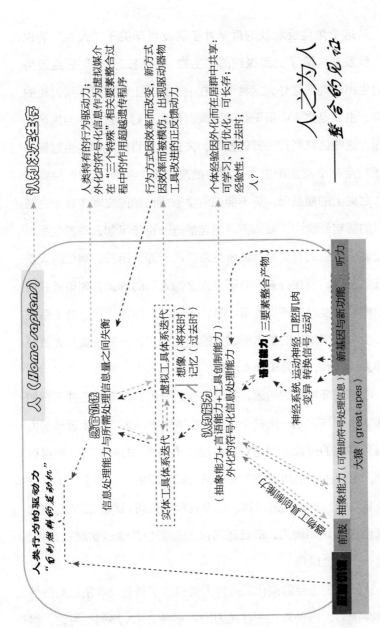

图 6-1 人类认知能力起源的一个假设

详细解释参见白书农《十的九次方年的生命》。

从这个角度反观我的哲学才子朋友当年关于"人性"的说法，我发现，除了上面提到的"生物－环境二元化"思维定势所衍生出的局限之外，这种说法在很大程度上源自哲学所讨论的对象，主要是文本中所记录的不同时代先贤对感官经验的思辨和构建。这些信息经过先贤的抽象，失去了感官经验中发生过程的鲜活乃至整个发生历史。其结果就是如图 2-1 所示的，只剩下生命之树上的横截面。更不要说哲学家所讨论的文本作者（先贤们）的感官经验中，根本不可能包括近一百年风起云涌的生命科学发展所带来的有关生物或者生命系统起源、运行、演化的大量反直觉发现。现在看来，对于"人之为人"的解读，如果离开当代生命科学发展所产生的新信息，无视人类作为一个生命子系统是在生命系统演化的基本模式下的演化结果，一味希望从先贤经典中去找答案，无异于缘木求鱼。

回到牙牙学语的话题。基于上面的分析，牙牙学语并不是如蹒跚学步那样，是一个被个体 DNA 序列所决定的个体运动潜力发展和展现的过程，而是对那些虽然不是由 DNA 编码，但可以在作为生存主体的居群内不同成员之间共享的、认知空间中的符号及其功能信息内化的过程。这个过程不仅可以帮助新生儿快速建立自身的认知能力，而且还可以帮助新生儿快速实现社会化，成为一个社会成员。

认知决定生存的演化道路为人类提供了其他动物所没有的外化生存能力，这种外化生存能力因为不受 DNA 序列的制约，得以获得更快的发展或者迭代速率。可是，如同所有的演化创新事件在带来正效应的同时，不可避免地会衍生出副作用一样，认知决定生存演化道路的结果，就是人类生存能力中，外化生存能力相对于被 DNA 编码的内在生存能力而言，比重会越来越大。换言之，人类的生存越来越依赖于外化的生存能力，即器物工具和观念工具。如果两种工具发展协调，形成正反馈还好，如果两种工具发展不协调，不可避免地会带来各种其他动物从来没有出现的问题。而且，两种工具的发生是不是协调，如果不协调会产生什么后果，不可能从对其他生物的研究过程中获得直接的借鉴——因为这一演化道路从来没有在其他动物或者任何生命子系统中出现过。当然，如果我们接受人类认知能力是生命系统的一种属性，其演化遵循"组分变异、互作创新、适度者生存"的基本模式，那么我们可以想象，认知能力两种外化形式之间发展的不协调如果得不到解决，不可避免地会产生灾难性的结果。

认知决定生存的演化道路还可能衍生出另外一种副作用，那就是既然人类生存越来越依赖于外化的生存能力，从"人类演化 123"中行为模式从刺激响应转为谋而后动的角度看，观念工具作为外化生存能力的重要组成部分，在为人们提供"谋而后动"中"谋"的依据的同时，也可能为人类认知能力的发展带来茧房效应，并因此而束缚人类认知能力的发展。更令人细思极恐的是，回顾历史，我们可以清楚地看到，实体的器物工具的发展呈现"替代"的模式，即有新的工具出现后，旧的工具就被替代，人们只能在博物馆中才能看到。可是虚拟的观念工具的发展却因为其虚拟性，呈现明显的"宿存"模式[①]，即很多符号所代指的对象早已在现实生活中被替代了，可是符号仍然留存了下来，并且因为其曾经被作为"谋"的依据而不断被后人所推崇，所遵循。器物工具发展的替代性和观念工具发展的宿存性之间的差异，因为人类"谋而后动"的行为模式而成为两种工具发展不协调的一种内在原因。

之所以用那么大的篇幅来讨论人之为人的"认知决定生存"假说，是希望帮助大家意识到两点：第一，从整合子生命观的角度，那些在感官分辨力"辨识范围"之外的要素，也是生命系统的构成要素。人类认知能力所衍生出的外化生存能力虽然不由 DNA 编码，却也是人类这个生命子系统不可分割、不可或缺的一部分。我们不能把生物学属性从对"人性"的讨论中剥离出来。第二，因为人类走出了一条认知决定生存的演化道路，外化生存能力和由此而产生的认知空间，尤其是对认知空间中信息加以梳理整合的观念体系，无论对人类总体的生存还是对个体的行为都无时无刻不产生深刻的影响。随着人类对外化生存能力的依赖性越来越强，观念体系对人类生存的影响也越来越大。以这两点为前提，我们就可以对人类社会中性话题的本质展开讨论了。

---

① 在本书写作到这个部分时，看到发表在果壳公众号上的一篇原创文章《有些科技已经死透了，但还活在语言和图标里》，正好可以作为器物工具和观念工具分别具有替代性和宿存性的生动例子。

6.2 人类性观念的起源——时间差、演绎、反果为因

基于之前几章对生物、性现象的介绍，我们可以清楚地看到，性现象是伴随真核生物出现而出现的，是作为真核生物得以存在的两个主体之间最基本的关联纽带——有性生殖周期中的一个环节。就目前所知，真核细胞出现于约二十亿年前。作为多细胞真核生物中的一类，动物的出现也有好几亿年。在这么漫长的演化进程中，地球生物圈中出现了千姿百态的真核生物，不仅有多细胞的动物、植物、真菌，还有单细胞的酵母菌、衣藻、四膜虫。所有这些真核生物都有性现象，即都有异型配子。可是，是不是所有这些真核生物都有"性观念"呢？这时，就得再问一步：什么是"观念"？

之所以要花篇幅讨论这么一个看上去很"哲学"的话题，是因为近年有一种风气，即试图从演化进程中更早出现的、结构更加简单的生命系统中，去寻找人类某些属性的解释，从而解构（一个哲学家们造的词。我理解，其意思就是拆解、破坏、抛弃）人类中心的思想。在我看来，这种风气不过是沿着达尔文时代开启的、以其他生物为参照系反观人类自身的基本逻辑的延伸。从反对以上帝为参照系反观人类自身的初衷而言，这种努力是可以

理解的。但如同前面提到的,如果仅从图 2-1 所示的生命之树横截面上的信息做横向比较,忽略不同生命子系统起源与演化过程中的独特性,即"要素偏好性",忽略演化过程中不同阶段,或者不同复杂程度的子系统中衍生(或者叫涌现,emergence)出来的新属性,尤其是忽略人类认知是一种在各种组分变异下非常独特的互作创新,作为"三个特殊"相关要素整合媒介的特殊迭代形式,根本不可能在其他生物中找到对应的过程,试图简单地以在"横截面"上其他生物的特征为参照系,简单粗暴地"向下",即向更简单的子系统中寻找某些特征来解读人类自身的属性,其实是落入了还原论(我将这种形式的还原论称为"扁平化还原论")的窠臼。如果试图以这种"解构"的方法来理解人类特有的属性,看似"科学",其实际的效果只能和从先贤典籍中给先贤时代从未出现的问题找答案一样,是缘木求鱼。对不由 DNA 编码的人类观念层面的问题,只能从人类观念的形成过程来理解,而不能试图以其他生物那些由 DNA 编码的属性为参照系去"解构"。

  当然,与哲学家们讨论概念乃至观念体系,无异于以卵击石——在他们强大的文本功底面前,绝大多数"有知识没文化"[①]的理科学者不要说没有还手之力,连招架之功都谈不上。好在我

---

① 我们同事之间的自我调侃。因为绝大多数做实验研究的人,除了读专业文献之外,很难有时间去做大量的文本阅读。

们在这里讨论的是人类性观念的起源这样一个具体问题。我们可以按照之前提到的人类认知能力发展过程中非常重要的"约定"这一原则，先对"观念"的内涵做一个约定，然后在这个约定范围内来讨论性观念的问题。

在前面章节的讨论中我们已经提到，"人之为人"的源头在于基因变异所引发的言语能力的出现。言语能力与在人类祖先中已经存在的抽象能力和工具创制能力发生整合，出现了具有正反馈和外化属性的认知能力。认知能力不仅作为一种特殊的符号化媒介，提高了人类"三个特殊"相关要素的整合能力（包括借助工具改变相关要素的分布），还为人类居群成员提供了一种全新的关联纽带。认知能力发展的外化和正反馈属性，使得人类在原本具有的由 DNA 编码的内在生存能力之外，获得了不由 DNA 编码的外化生存能力，并因此走上了一条"认知决定生存"的独特演化道路。在这个大前提下，我们认为，"观念"是人类认知空间中一些特定的符号系统。这些系统中的符号可以代指周边实体、对实体间关系或者实体由来的想象，也可以代指其他的符号和符号的关系。

我们在前面还提到，人类走出一条"认知决定生存"的演化道路之后，就不得不生活在两个世界中。一个世界，是不依赖于人类存在而存在，人类由之而来的祖先物种生存其中的实体世界。人类在不知道自己是"人类"的情况下，作为地球生物圈中千姿百态的物种之一，由这个世界脱颖而出，并在这个世界中与自己的近亲分道扬镳。另一个世界，是伴随人类认知能力发展，由被人类居群成员约定的符号及符号之间的关系构建起来的虚拟世界。如果要问这两个世界出现的先后，其实并不容易回答。从演化进程来看，显然是先有第一个再有第二个。但在人类进入认知决定生存的演化道路之后，实体世界，起码是与人类生存有关的实体世界越来越多地受到来自人类的干预——比如早年的衣物、房屋、壁画，当下的美食、汽车、高楼大厦。道理也很简单：人类的行为模式随着认知能力的增长，从曾经与其他动物一样的刺激响应转变为谋而后动。前人"谋"而后"动"的结果，就成为后人的"实体世界"，并成为后人"谋"的前提或者基础。

我曾经思考过"自然"，即英文中 nature 这个词究竟指什么。在检索词典时发现，英文 nature 这个词的拉丁词源是 to be born，即与生俱来。从这个意义来看，每一代人的眼中，"自然"都是不一样的。生活在不同地域的人眼中，"自然"也都是不一样的。这些不一样显然不仅与不同时代、不同地域的地理特征有关，还与不同时代、不同地域人群"谋而后动"的行为结果有关。由此可见，两个世界之间的互动，为后人区分两个世界之间的相互影响带来很多困扰。

显然，人之为人源自认知能力所衍生出的各种优越性。但这些优越性的前提是，作为代指实体的符号，要与实体之间有尽可能高的匹配度。这样，符号化媒介才可能实现"三个特殊"相关要素整合的介导功能。否则，符号不仅会陷入空转，而且还可能带来误导。如果上面的分析是成立的，那么我们很容易发现，在实体和虚拟的两个世界之间，是需要纽带来关联的。而关联两个世界的纽带，其实就是创造了虚拟世界的人类这个生命子系统的运行本身——人类作为生命子系统的运行需要实体的"三个特殊"相关要素的整合，而相关要素的整合效率，又得益并越来越依赖于符号化的媒介。于是，符号与其所代指对象之间的匹配程度如何，成为人类生存无法回避的一个问题，并因而成为检验观念有效性的一个关键指标。

从历史上看，符号与其所代指对象之间的匹配问题似乎很复杂。不同族群的人类所追求的"真"，本质上指的就是这种匹配。可是但凡有一点历史和生活经验的人都会知道，求"真"真的很难！但究竟难在哪里？如果从认知是"三个特殊"相关要素整合的符号化媒介的角度看，其实并没有那么难。因为基于上面的分析，我们可以发现，人类以符号代指的对象无非分为两类：一类是不依赖于人类存在而存在的，如日月水火、飞禽走兽；一类是人造的，如器物、符号、行为规范。作为本书讨论的对象，性，显然属于第一类。

我们之前讨论过，人类作为动物，为什么会形成感知周边实体的能力。人类作为动物，是取食异养，移动自身而取食的能力是在"适度者生存"模式下的迭代产物。对食物、捕食者、配偶的感知对于动物而言是不可或缺的。没有对周边实体的辨识能力和对实体间关系的判断能力，动物便无法生存。到了人类，因为生存模式从取食转型为增值，人类依赖于种植植物和饲养动物为生，不得不衍生出追溯实体由来的能力。而在人类演化过程中之所以会出现代指不依赖于人类存在而存在的对象的符号系统，最初并不是因为好奇心，实在是因为符号系统能为人类生存带来更高的效率，对符号系统的依赖是一个不得不接受的结果。

如果大家认同上面的分析，那么我们可以很容易得出一个结论，即对于人类而言，性现象是与生俱来的，而性观念则是在认知能力发展过程中逐步形成的，性现象和性观念之间存在一个时间差。换言之，性现象是在人类出现之前就早已存在，而且在人类起源过程中与生俱来的。在人类出现言语能力之前（如果那时的"人类"已经可以被称为人类的话），我们的祖先和其他动物一样，借助两性个体之间在感官分辨力范围之内所能辨识的差异来彼此感知，在前面提到的生物学机制驱动下，借助性行为完成有性生殖周期。在人类获得言语能力之后，这种与生俱来，而且对人类种群维持不可或缺的过程（性别分化和性行为）不可避免地成为人类需要借助符号来代指的对象——要给异性个体以名称，所以有了如男女、公母、雌雄；要给求偶的过程以名称，所以有了如谈婚论嫁；要给性行为的对象以名称，所以有了如爱人（求偶）和情敌（交配权争夺）。更有甚者，尽管性现象并不是因为人类的出现而出现的，因此根本无须人类的解释而完成，人们还是要处心积虑地为性别分化的结果（男女差异）和性行为提出各种规范和标准，试图将人类出现之前就早已存在，作为维持真核生物生存与发展不可或缺，人类也因此得以从其祖先家系中脱颖而出的一种生物学机制，视为在人类掌控之中的过程。从这个角度看，人类社会中有关性现象的解释与规范，所涉及的那些符号，所代指的还是生物学层面的对象吗？

前面提到人类生存在两个世界中，即实体世界和虚拟世界，而且两个世界之间以人类生存为纽带而越来越复杂地交织在一起。究竟是人类对实体加以符号化而作为媒介，还是因为人类借器物工具的发明而改变实体，创造新符号作为新媒介，粗略看起来似乎成为一种鸡生蛋还是蛋生鸡的怪圈。但如果从演化的视角看，有一点结论大概是大家都会接受的，那就是先人对实体的辨识只能依赖于感官，因此分辨力受制于感官；而望远镜和显微镜发明之后，人们对实体的辨识突破了感官分辨力的局限，无论在宏观还是微观的层面上都不断得到拓展。如果大家接受这一结论，而且接受在引言中对人类为什么要解释世界所做的结论，那么我们可以做一个推论，即在低分辨力基础上对事物的解释程度相对于在高分辨力基础上对事物的解释程度要低。基于更高分辨力的解释应该比基于更低分辨力的解释更加接近实体的状态。对在同样的感官分辨力范围之内的辨识对象而言，分辨力越低，在解释过程中需要"脑补"的想象越多。而这些"脑补"的想象越多，难免因为缺乏实体辨识的支持而使得对世界的解释变成一厢情愿的演绎。

以性现象为例。前面讲到，基于感官分辨力，人类是无法知道异型配子的存在的，也不可能知道性别分化是一种保障异型配子分化的体细胞分化，自然也不可能知道性行为背后有激素的驱动。但是把尺度放大一点，以"性"，即异型配子现象作为一环的有性生殖周期为例，在感官分辨力范围内，人类可以知道雌雄个体的交配可以产生下一代，男女个体差异与第二性征的出现，以及男女之间的相互吸引决定了雌雄个体在有性生殖中功能的完成。但仅此而已。从雌雄个体交配开始到婴儿出生，这个过程在母体内究竟发生了什么？雌雄异体、第二性征发育，乃至男女之间相互吸引背后的机制是什么？这都是人类感官分辨力无法辨别的。可是，因为性现象和有性生殖现象是人类生存无法回避的现象，人们很难拒绝对这些现象给出解释，但对实际发生的过程并不了解，那解释的对象是什么呢？只能是通过表象来加以演绎。这时，就不可避免地引入了巨大的想象空间。

在本书引言中讨论人类为什么要解释时，主要是从人类生存不可或缺的"三个特殊"相关要素整合媒介迭代的角度，讨论了"解释"的必要性。可是为什么会出现"演绎"呢？这看似一个无厘头的问题，其实，如果从"解释"的必要性角度看，很容易理解"演绎"存在的必要性——从个体认知的角度，人们对维持生存中不可或缺的要素因缺乏应有的与实际情况相匹配的描述和解释时，只能依靠演绎，即想象来构建彼此的关系，从而为自己行为的预期与效果之间提供匹配——尽管这种匹配是虚构的，但从安迪·克拉克（Andy Clark）对人类认知双向性[①]的描述来说，却是认知过程完成所必需的。从居群组织机制的角度，当认知能力作为居群成员之间的关联纽带，而且随着人类对外化生存能力的依赖越来越强，居群组织对观念工具的依赖也越来越强的情况下，一个可以自圆其说的观念体系对于居群组织的稳健性维持的作用也就越来越不可或缺。可是，在因为感官分辨力的局限而对实体世界实际运行过程知之甚少的情况下，要对世界运行过程给出自圆其说的解释，就不得不依赖于演绎来填补漏洞了。

从这个角度看，性现象作为人类社会生存不可或缺的一种现象，不仅从生物学意义上是维持种群繁衍不可或缺的，而且从社会性意义上是维持居群秩序所不可或缺的——毕竟性行为不可避免地要涉及两个以上的个体。个体行为以什么为规范，关系到居群秩序的维持。根据目前的历史知识，早在两千多年前的轴心时代到来之前，人类居群就发展到需要以文字的形式记录行为规范的程度。可是，目前已知在轴心时代，人类对性现象是没有能力给出具有客观合理性的解释的。而那时人们为了维持居群秩序，却不得不对个体的行为模式做出解释。对一种实际发生了什么并不了解的过程能给出什么解释呢？当然只能是依赖于演绎。

[①] ［英］安迪·克拉克，2020，《预测算法：具身智能如何应对不确定性》，刘林澍译，机械工业出版社。

回到两个世界的互动，在性现象的问题上，人们在缺乏对实际发生过程了解的情况下，为了维持秩序而为性现象给出了各种演绎，基于这些演绎形成行为规范，然后人们又根据这些行为规范来约束自己的相关行为。而这些行为规范及其背后的演绎随着人类的繁衍而代代相传——因为只有生存下来的居群才可能有观念的传承。这一过程的结果，就是生存下来的居群完全有理由将当年基于想象的演绎当成天经地义、"理"所应当的。再加上人类行为模式从其他动物的刺激响应变为谋而后动，人的行为看上去都是有动机、有目的的，性现象是"为了"传宗接代之类的观念于是应运而生。

然后，在达尔文演化论正确地把人类放回到生命系统演化进程应有的位置，人们对人类自身的认知从以神为参照系转变为以其他生物为参照系之后，人们也下意识地把历史上有关人类行为的实际上是基于想象的演绎作为解释而反过来，作为参照系为动物世界的性现象给出拟人化的解释。在这一系列难以觉察的实体世界与虚拟世界的互动中，原本是真核生物演化进程中"适度者生存"结果的有性生殖，变成了人类心目中生物演化的动力——比如动物"为了"繁衍后代而如何如何，以及人类行为的原因——比如在中国祖先崇拜文明系统中的传宗接代、耀祖光宗。而性现象，尤其是其中的性别分化和性行为，则从在人类出现之前就早已形成的、在多细胞真核生物稳健性维持中保障异型配子形成和相遇的体细胞分化及相关行为，变成人类为证明自身价值的行为的原因（或动机），比如占有更多的配偶、改变自身的性征、把性行为作为追求快感的形式等。从这个视角反观历史上"性学"的研究，显然都因为缺乏对性现象生物学基础的了解，人为地把人类和其他生物切割开来，从而无法跳出历史上根据对表象的观察加"脑补"而对人类性相关行为进行演绎的窠臼。

前一段时间，我的一个好朋友在应邀为一个民间文化组织介绍他对"科学"的理解做演讲时，用了这样一个题目：当我们谈科学时，我们在谈些什么。这个题目据说来自美国小说家雷蒙德·卡佛的一本小说集中标题的句式：What we talk about when we talk about love。我们同样可以套用这个句式：当我们谈性现象时，我们在谈些什么？是在谈生命系统的运行过程及其机制？还是在谈人类基于感官经验而衍生出的对生命现象发生原因或者机制的演绎？

6.3 借题发挥——性观念在人类社会中的地位

我们先搁置一下在谈性现象时我们在谈些什么。反观性现象在人类社会中的位置可以发现，作为一种多细胞真核生物的人类，由真核生物两个主体之间原初纽带——有性生殖周期——衍生出来的性别分化和性行为，在社会观念体系中的地位其实有点儿尴尬。

在中国传统社会中，一方面强调"不孝有三，无后为大"，可是另一方面又强调"万恶淫为首";把"有后"所必需的男女两性的交往限制在父母之命、媒妁之言的范围之内,无视当事者的意愿;把原本是增加居群DNA序列多样性、即"利群"的有性生殖,视为一姓、一族传宗接代的工具。此外,在轴心时代之前,人类已经因农耕而在总体上进入了父权社会。在两性关系中,女性早已被置于从属的地位。在这种情况下,不同形式的文艺作品中对自由恋爱和两性关系的描写,或者被认为是对礼教的抗争,或者被认为是对年轻人不思进取的误导,早已与性现象原本的生物学功能互不相关。

在古希腊-古罗马-基督教社会中,与性相关的概念在历史上的地位经历过很大的变化。基于我们读到的古希腊、古罗马神话和看到的各种雕塑,一般认为当时社会的性观念是开放的,甚至还有人认为男女关系的淫乱是罗马帝国灭亡的原因之一。到了中世纪,社会观念以基督教教义为中心,性被认为是原罪,社会的性观念变得高度封闭,社会上也因此而兴起禁欲以及各种修道院。可是,到中世纪后期,教会神职人员的腐败不仅表现在经济上,而且表现在性关系上。不知道是不是和对教会神职人员在性关系上腐败的不满有关,文艺复兴时期对裸体和性关系各种形式的大张旗鼓的描述,可以被视为是对教义中性原罪观念的挑战。而且,在后世的主流叙事中,把对性原罪观念的挑战视为人性的觉醒。有趣的是,在那个年代,人们对性现象的了解与中世纪并没有不同,但性观念却发生了翻天覆地的变化——从原罪变成了一种人性觉醒的标志。其实，性原罪不也是基督教经典的撰写者构建或者演绎的吗？而且如我们在前面谈到的，在哲学家那里，就"人性"究竟指什么的问题一直莫衷一是。在这种情况下，"人性觉醒"究竟指什么呢？伴随文艺复兴之后对个人主义的推崇，第二次世界大战后西方出现的性解放，乃至当下成为时尚的性多元潮流，显然是这种文艺复兴时期性观念变化一脉相承的结果。

汤因比在《历史研究》中提出人类社会曾经出现过二十多种不同文明类型的观点。除了上面谈到的中国社会和古希腊 – 古罗马 – 基督教社会之外，还有很多不同文明的社会类型，如波斯社会、信奉伊斯兰教的阿拉伯社会、古印度社会、美洲原住民社会等。如果说我因为自己成长在中国社会之中，同时因为专业的关系对西方的古希腊 – 古罗马 – 基督教社会多少有点儿了解，还可以根据由耳濡目染和阅读而来的肤浅了解而对这两个社会的性观念做上面简单的梳理的话，对其他文明的性观念则因为我对那些社会一无所知而无从谈起。但有一点大概是可以确定的，那就是在现代科学出现之前，不同文明形态的人类社会中，人们对性现象的了解不会有太大的差别——因为不同文明形态的人类同为智人，尽管在多细胞结构的形态上存在感官分辨力范围之内可辨识的差异（比如相貌、肤色），但彼此之间没有生殖隔离，而且在现代生物学技术检测范围内，在生理结构和行为模式上并没有实质性的差别；同时还因为，所有不同文明形态的人类感官分辨力和大脑信息处理能力（包括关联能力和想象能力）没有实质性的差别。因此，上述两种社会中性观念的地位，还是可以作为代表来分析"当我们谈性现象时，我们在谈些什么"。

从上面对中国传统社会和古希腊 – 古罗马 – 基督教社会性观念的分析来看，这两种社会中的性观念与男女个体的行为规范有关，但与性现象却无关——因为前面提到，在那个时代，人们对性现象背后的生物学过程基本上一无所知，即使有解释，也只能是演绎。当然，在那个阶段，人们对性行为的个体主动性——无论是求偶还是交配权争夺——以及与性行为相关的个体主动性对社会秩序的影响是有了解的。因此，为了维持社会秩序的稳定，人们不得不基于想象，为性现象提供一套演绎，即性观念，并在此基础上衍生出相应的行为规范。其结果，就是借性观念之名，行行为规范之实。套用上面的句式，那就是当我们谈性现象时，我们实际上是在谈性行为规范。可是，性现象等于性行为规范吗？

有趣的是，如果我们之前提到的真核生物两个主体一个纽带的说法是成立的，为什么人类演化到轴心时代之后所形成的性观念总体上对性现象赋予负面的形象，以至于到了今天，很多人都无法直面性的问题（如我们在第一章所做的非正式调查所得到的结果）？是真核生物两个主体一个纽带的说法不成立？还是两个主体之间的有性生殖周期及其衍生的性别分化和性行为纽带到了人类社会变得不重要？

基于我对目前生命系统起源、运行与迭代过程的了解，真核细胞两个主体一个纽带的表述是可以得到不同层面的实验证据支持的，由有性生殖周期衍生出来的性别分化和性行为纽带对应人类社会自然也是不可或缺的。问题出在历史上人们因为对性现象背后实际发生过程的无知，以及对规范个体行为的需要，借对性现象的想象为"题"，发挥出一套与性行为相关的行为规范。

对这个问题——如果大家认为性现象的解释被异化为借题发挥的"题"这个判断是成立的，其实从系统论中对属性的层次性（hierarchy）和衍生性（emergence，或者叫 emergent property，也可译为涌现性①）特点可以很容易得到解释。所谓层次性，是指一个系统可以被分为不同的层次。高层次中会出现在低层次中不存在的属性或者特征。这些特征不能仅从组分本身的属性而得到解释。以生命系统为例，细胞分裂的属性在细胞内任何代谢网络或者生命大分子复合体层面上都不存在，而且也不能单独地从作为代谢网络或者生命大分子复合体节点的生命大分子本身的化学属性上得到解释——因为单独的这些生命大分子无论其化学属性怎么变，如果没有置身于网络中，都不可能对细胞分裂产生任何影响；一旦置身于网络中，那么将可能通过"互作创新"，引发网络结构的改变，从而对细胞分裂产生影响。当然，系统的层次性究竟是如何出现的，不同系统有各自的特点。就生

---

① 我曾经试图将 emergence 译为跃然性，取跃然纸上的意思。但后来在使用中发现"衍生性"好像比较平和。

命系统而言，我认为，主要来自生命大分子网络中组分变异、互作创新所衍生出的"适度者生存"的迭代。比如在《生命的逻辑——整合子生命观概论》一书中提到的从"活"的"三个特殊"到基于复合体的共价键自发形成，从生命大分子网络到被网络组分包被的生命大分子网络动态单元等。

衍生性对于生命系统而言，也是来自组分变异和互作创新。诺贝尔生理学或医学奖获得者 Francois Jacob 在 1977 年发表在《科学》杂志上题为 Evolution and Tinkering 的一篇文章中曾经说过，生物中的演化创新是一种类似补锅的过程。无论手边有什么，一段细绳、一片木块、一块纸板，能把锅的漏洞补上就是成功。因为那些手边能找到的材料原本并不是"为了"补锅而出现的，所以它们被用来补锅具有很大的偶然性，常常不在预料之中。从整合子生命观的角度看，在具体的生命系统运行过程中，相比于"补锅"所用的趁手材料很大程度上是那些随机发生的生命大分子的组分变异。因组分变异而衍生出互作创新，显然都是"预料"之外的。于是，这些"预料"之外的，没有按"规矩"出的牌，即互作创新就被人们解读为衍生性。一个生命系统中因为网络组分的群体性、通用性、异质性，以及组分互作的随机性、多样性、异时性[①]，不可避免地会出现这种"预料"之外

[①] 有关组分与互作的各自三种属性，请参见白书农，2023《生命的逻辑——整合子生命观概论》，北京大学出版社，第 107–126 页。

的互作。这种属性，就被人们称为系统的涌现性质。

回到两个主体的纽带。对于一种单细胞真核生物而言，如果没有有性生殖周期，两个主体就无法被关联，这种生物的中央集权式网络调控优越性以及由此产生的响应周边要素改变效率下降的副作用之间的矛盾难以解决，这种生物将难以在演化过程中保留下来。这是为什么真核生物都会出现有性生殖周期的一种解释。有性生殖周期出现之后，真核细胞的要素整合功能和要素变化响应功能由单个细胞和细胞集合中的 DNA 序列多样性分别承担，使得真核细胞相比于原核细胞迭代出一套全新的要素变化响应机制。

对于多细胞真核生物而言，因为出现了多细胞结构，在单细胞层面发生的有性生殖周期获得了体细胞分化的保障，出现了性别分化和性行为。那些无法完成性别分化或性行为的个体将无法在演化过程中保留下来。在很多传统的、源自"脑补"的表述中，把这种关系解读为动物"为了"传宗接代而要完成性别分化和性行为。其实，完成性别分化或者性行为只是演化过程中被选择下来的发育过程中的两个不同环节而已，并不需要动物个体的"意愿"，因此根本也不是动物"为了"传宗接代而完成性别分化或者性行为。同时，从系统的层次性和衍生性的角度看，性别分化和性行为这两种在体细胞层面上发生的事情，是单细胞真核生物中不存在的。虽然它们的功能是保障异型配子形成和相遇，但不能说因为异型配子形成和相遇这两个单细胞真核生物中发生的事件引发了性别分化和性行为中的体细胞分化，只能说是体细胞的某些分化恰好与异型配子形成和相遇发生了整合，使得多细胞真核生物中有性生殖周期的完成获得了某些优越性，提高了具有这种整合机制的生物类型的存在概率，从而体细胞和生殖细胞两个不同分化过程的整合机制被保留了下来。而且，因为整合的优越性而使得两个过程的完成之间彼此依赖。从结果上看，变成了没有与性别分化和性行为相关的体细胞分化，有性生殖周期就无法完成。于是，多细胞真核生物两个主体之间的连接纽带，在单细胞层面发生的有性生殖周期之外，衍生出了基于体细胞分化的个体形态建成。

按照上面的逻辑，我们很容易理解，到了哺乳动物，两个主体之间的连接纽带不仅迭代出了基于体细胞分化的性别分化和性行为，还迭代出了育幼和共情。而到了人类，进一步又迭代出了语言、观念，乃至当今社会中的分工协同网络。既然是演化过程中后出现而且被保留下来的事件，那么按照"组分变异、互作创新、适度者生存"的演化模式，应该是有其优越性的，并成为与之关联的更早发生的事件发生或者完成的前提条件。比如多细胞真核生物中在多细胞层面发生的性别分化和性行为是单细胞层面上发生的有性生殖周期完成的前提条件。如果这个推理是成立的，那么对于哺乳动物而言，一个物种的幼体没有母体的抚育将无法独立生存到完成性别分化和性行为，于是无法完成有性生殖周期，于是这个物种无法延续；对于人类而言，如果没有言语能力，没有因言语能力而衍生出的认知能力，人类就不可能与其他动物分道扬镳,走出一条认知决定生存的演化道路,从地球生物圈食物网络中层的一个小种群,变成这个世界上的主导物种。

本来,对于其他动物而言,生命活动的完成都是"自然而然"的,即作为自发过程而代代相传,无须解释。于是也无所谓哪个环节是哪个环节的原因或者结果。只要是"适度者",就可以生存下去。可是,人类偏偏演化出了"谋而后动"的行为模式,偏偏要去解释所观察到的过程。如此一来,从感官分辨力所能分辨的结果,即实体存在("什么"或者"谁"),去追溯这些结果发生的过程("何时""何地"),还要从这个过程去了解其发生的机制("如何"),甚至去追问过程发生的动机("为什么")。虽然,谋而后动的行为模式对人类得以走到今天厥功至伟,可是这种行为模式也因认知能力的有限性而为"谋"的过程,尤其是预期的设定带来了各种意想不到的困扰。前面提到对生命活动中各种事件发生的反果为因的解释,就是这种困扰的一种表现形式。

解铃还须系铃人,要解决认知能力不足而衍生出的误读所带来的困扰,只能依赖于认知能力的发展。对性现象的各种误读乃至由此而衍生的性观念的混乱,也只能通过对性现象了解的深入才能予以澄清。如果我们之前对性现象的解读具有客观合理性,那么我们就很容易理解为什么作为两个主体连接纽带的有性生殖周期的衍生物,性别分化和性行为在人类社会中的地位变成借题发挥的"题"的现象:人类在对自身居群成员行为的观察中,意识到后代是不可或缺的，意识到后代来源于男女之间的交往，意识到男女之间的交往源自各自对异性的冲动。在此基础上，考虑到生存主体居群中不同个体之间不得不遵从特定的行为模式，而居群组织机制的三组分系统①中秩序的必要性和权力维持秩序的功能，历史上人们在对性现象所能了解的范围内，不可避免地出现了当权者和作为男女交往主体的个体之间关注重点的不同。对于当权者而言，其功能所在是维持秩序。而维持秩序最简单的方式，不可避免的是把男女交往限制在繁衍后代的范围之内。可是作为男女交往的主体，他们的行为更多地受体内激素系统的驱动。维持秩序并不是他们的职责所在。这种因在居群内角色不同而出现的关注重点不同，是历史上性观念以及由此衍生出的各种以男女关系为中心的悲喜剧中冲突的源头。

从居群秩序维持的角度看，伴随进入农耕之后不同居群生存能力的提高以及由此衍生的居群规模的扩大，在保障后代繁衍的前提下，居群秩序的维持越来越依赖于对青壮年，尤其是男性青壮年的行为规范。从动物行为三大类：取食、应对捕食者、求偶的特点看，随着人类规模的扩大，在解决好男女关系的行为规范

---

① 动物居群组织机制的三组分系统中，"三组分"指秩序，即个体的行为规范（因为个体是行为主体，理论上具有生物学结构范围内的移动自由度。如果不对这种移动自由度加以规范，居群将无法维持）；权力，即维持秩序的力量；食物网络制约，界定秩序、制约权力。三组分系统形成一个正反馈循环，保障作为生存主体的居群的稳健性。

之后，不可避免地要解决取食、应对捕食者行为方面的规范。人类进入农耕游牧之后，取食的模式从采猎转换为增值，而增值就需要各种分工协同，即增值过程中增值对象、增值方法、增值过程各环节的协调，以及增值产物在参与者之间的分配。于是各种社会关系越来越复杂。应对捕食者，则随着人类外化生存能力的增强而逐渐从应对其他物种的捕食者，如老虎和狼，变成应对同一物种内其他的族群，比如对土地和草场的争夺。发展到极致，就是人类不同居群之间的战争。显然，获取生存资源所不可或缺的社会关系的处理，和不同居群之间对生存资源的争夺，是居群得以存在的前提，自然也是保障后代繁衍的前提。在这种状态下，尊重作为居群成员的男女个体之间的交往意愿，相对于保障作为生存主体的居群生存，其重要性或者优先级别显然是等而下之的。前者要以后者为前提。从这个角度，我们可以理解，为什么作为两个主体关联纽带的有性生殖周期及其衍生而来的性现象尽管不可或缺，但到了人类社会稳健性维持，表现为作为三组分系统之一的秩序的行为规范层面上，居然变为借题发挥的"题"——两个事件或者过程在两个不同的层级上。而从界定秩序的观念层面上，人们关注的重点在行为规范，而不在行为驱动的原因，尤其是生物学层面上的原因。

　　如果上面的分析具有客观合理性，那么我们可以发现，把社会问题归咎于性，比如在中国传统社会（包括今天）长盛不衰的女人祸国和西方传统社会的女巫作乱的说法是不公平的。

同时，希望借助消灭性别差异来实现社会公平的努力也是不现实的。诺贝尔生理学或医学奖获得者 Gerald Edelman 在他的 *Bright Air Brilliant Fire* 一书中曾用"silly"一词来描述解读人类意识的还原论说法。"silly"一般翻译为"愚蠢的"。但细究其用法，这个词的含义是指类似小孩子无知而发生的傻傻的、可笑的言行，比较好的译法是"幼稚可笑"。从这个意义上讲，试图借消灭性别差异来实现社会公平，也可以被看作是一种幼稚可笑的还原论吧。

7

人类社会与性相关现象的另类解读

不知道上面几章的讨论会不会让大家觉得过于烧脑。其实，如果我们想一下，性现象这么一个与生俱来的现象居然成为一个千古话题，背后一定有很多弯弯绕。要把在过去几千年中积累下来的一团乱麻理出点儿头绪，不花一点力气恐怕很难做到。我很理解随着教育的普及和信息的爆炸，期待作者给出结论而不是伴随作者一起思考的读者比例不可避免地越来越高。可是，由于性现象是我们每个人都无法回避的现象，要对这种在历史上莫衷一是的现象给出结论，如果不把观点背后的事实及其解释所遵循的基本逻辑交代清楚，让读者怎么评判这些观点呢？

现在，我们可以在前面论证的基础上，讨论几个身边与性有关的现象。

7.1 爱情

我相信，绝大部分读者恐怕都会同意谈情说爱是身边与性有关的一种现象。而且，绝大多数读者恐怕也都会同意，爱情是一种难以言表、因人而异的感受。这种高度个人化的现象能怎么讨论呢？

我第一次面临这个问题，是在我自己谈恋爱之前。

在我小学和中学期间，因为父母比较宽容，我家一直是几个发小的聚集地。我上大学之后寒暑假回家，仍然有发小来聊天。有一次一位发小来我家聊天时问我，爱情是什么。这对我来说很突然。因为那个年代，我们男生在一起都是讨论一些"天下大势"，从来没有儿女情长之类的话题。我对他问题的第一反应是：你是不是在谈恋爱啦？他承认了。可是我该怎么回答他的问题呢？我自己完全没有谈恋爱的体验。那个年代也没有什么爱情小说。我记得我当时是这么帮他分析的：首先，爱情是一种情感。其次，情感不只是爱情。然后，我灵光乍现地发现一个非常有趣的表述：情感可以被分为三类——感情、激情、爱情。什么是感情呢？感情是对过去关系的认可与回忆。因此，这种情感是过去时。激情当然就是当下的喜怒哀乐，是现在时。那么爱情呢？爱情是男女之间对未来生活的共鸣，是将来时。因为我这位发小在大学的专业是物理,而且常常喜欢质疑,他不出所料地质疑道:共鸣需要固有频率一样,两个人之间怎么可能固有频率一样呢。我说是呀,这只能是一个比喻。固有频率只是用来比喻个人对生活的感受和期待,两个人之间总有一些交集嘛。

我不知道这次聊天对他谈恋爱有什么影响,但对我的影响却非常深远。无论是之后自己谈恋爱还是和朋友们讨论谈恋爱的问题,都会有意识地参照这个分析。在后来和朋友们的交谈中我还特别抽提出我对"爱情"定义的几个基本要素:男女之间(有关目前备受关注的同性恋话题,我们后面专门讨论)、未来生活、共鸣(或许用交集更好)。这也是为什么时隔40多年,我对这段对话仍然记忆犹新。

当然,随着自己在生物学领域阅历的增长,我也会不断反思:情感有没有生物学基础?我当年灵光乍现的有关情感的分类和解释,尤其是对于"爱情"这种"千古谜题"所做的这么简单化的解读,是不是太简单粗暴了?

就我目前所了解的生物学知识而言,对绝大多数动物而言,性行为,无论是求偶还是交配权争夺,基本上都是在激素驱动下发生的、借助信号化媒介进行的个体之间的沟通。只不过求偶和交配权争夺这两个过程中沟通主体的性别不同而已。无论是雄性个体对雌性个体的追求还是雌性个体对雄性个体的选择,或者是同性个体之间的竞争,都有在各自物种形成过程中保留下来的生物学机制,其中难免出现如前面提到的"费希尔逃逸"之类的极端情况。

人类作为一种动物，求偶和交配权争夺行为作为演化的结果没有理由消失，否则这个物种将无以为继。既然求偶和交配权争夺行为不可或缺，在人类中自然有生物学层面上的性行为中异性个体间互动选择的依据。这些选择依据，无非就是一些类似鹿角、羽毛之类的反映个体生理，尤其是与生殖能力有关的形态（视觉、听觉层面的）或者气息（嗅觉层面）特征。有关这方面的研究，常常是各种大众科学媒体报道的热点。

可是，现实生活中，人们谈情说爱，只是基于两性之间的这些生物学特征吗？如果只是这样，那么人类与禽兽何异？

我们在本章前面讨论过，人类是一种生物；同时，人类是一种独特的生物。人类这种生物的独特性，在于其衍生出了认知能力，然后走上了一条独特的认知决定生存的演化道路。在这条道路上，人类借助认知能力，在认知能力的两种形式——器物工具和观念工具的相互作用中，衍生出了不依赖于DNA编码的外化生存能力。借助基于约定的符号系统，人类不仅可以描述周边实体、猜想实体之间的关系，还可以追溯实体的由来。同时，自然也会反观、描述与猜想自身和周围其他人的行为。如我们前面所讨论的，在人类演化进程中，由DNA编码的内在生存能力的发展受制于DNA变异的速率以及食物网络制约的程度，其发展进程很难与其他生物有实质性的差别。可是，基于认知能力的外化生存能力，因其不依赖于DNA编码，在过去短短几万年时间中为人类这个物种的生存状态带来了翻天覆地的改变。从这个角度看，大家可以做一下自己的判断：在人类行为中，是受依赖于 DNA 编码的行为模式制约大，还是受不依赖于 DNA 编码的外化生存能力，即器物工具和观念工具的制约大？

如果大家得出的结论和我一样，接受人类的行为受器物工具和观念工具的制约更大的观点，那么回到以谈情说爱形式出现的求偶行为，我们是和其他动物一样主要受制于反映个体生理，尤其是生殖能力的形态（视觉、听觉层面的）或者气息（嗅觉层面）特征？还是更多受制于当时当地的有关择偶的观念？恐怕大部分读者都会得出和我一样的结论：更多受制于当时当地的有关择偶的观念。

当然，如之前提到的，人类并不是因先知道自己是人类而变成人类的一样，谈情说爱作为求偶乃至交配权争夺的衍生形式，当然也不可能是因择偶观念而发生。虽然作为行为主体，每一个个体，无论男女，其行为模式难逃"谋而后动"，而且"谋"的依据更多的来自当时当地的观念体系。甚至激素驱动的求偶和交配权争夺，在传统中国也都被标注为"男大当婚、女大当嫁"——尽管没人说得清楚"当"字的正当性究竟是怎么来的。但毕竟个体的生物学属性是在观念体系出现之前上亿年的演化进程中形成的。这种属性的影响不可能因不依赖于 DNA 编码的外化生存能力的改变而改变。这大概就是人类行为的独特之处：每个人无时无刻不受着内在和外化生存能力的双重制约。尽管人类对外化生存能力的依赖程度越来越高，可是人类作为生命子系统的属性并没有改变——不知道有没有人希望改变——如果改变了人类作为生命子系统的属性，人还是人吗？只要人类作为生命子系统的属性没有改变，那么人类作为多细胞真核生物与生俱来的两个主体的属性就不会改变，而连接两个主体的最原初纽带——有性生殖周期，即从合子经过减数分裂和受精到下一代两个合子的过程，还是一个不可或缺的环节。虽然当今的医学技术可以把配子的载体和配子分开，可是在上亿年演化进程中形成的体细胞与生殖细胞之间的协同关系却不是现代医学技术可以拆解的——当然，是不是应该拆解是另外一个问题。

从这个角度再来反观我 40 多年前提出的"爱情是男女之间对未来生活的共鸣"这个说法，在某种意义上还是涵盖了上面涉及的复杂内涵：生物学层面和观念层面的交织、生物学层面上两个主体一个纽带（有性生殖周期）的必要性、体细胞与生殖细胞的协同关系，以及因此而衍生的激素驱动的性行为（求偶与交配权争夺）。当然，随着人类认知能力的发展和外化生存能力（以器物工具和观念工具为形式）的增强，男女之间在"情窦初开"（其实是个体发育到一定程度）之后，各种与外化生存能力相关的要素对于彼此选择所产生的影响也越来越大。再加上虽然我们前面把情感分出了三种时态，可是在任何两个人的交往中，三种时态其实一直在动态的变化过程中——对未来的共鸣（将来时，爱情）为当下的相聚带来愉悦（现在时，激情），而交往的过程自然又变成了或甜蜜或苦涩的回忆（过去时，感情）。

从这个意义上，人类的谈情说爱，虽然可以从激素驱动来寻找源头，但其发展与形式，显然要比其他动物的求偶和交配权争夺复杂得多。我因为对人类行为的演化有兴趣，而且自己的研究工作恰好又与性现象有关（黄瓜单性花发育），再加上身边朋友和学生中时常有男女交往和婚变的事情发生，对人们谈情说爱背后的动机一直有一些关注。在长达十多年的观察中，我发现虽然很多年轻人都将"眼缘"作为一个重要的指标——这的确是生物学意义上的选择要素，但真正在对交往对象的选择中发挥作用的，更多的是在眼缘匹配之后，认知能力叠床架屋包装下的"三观"和习惯。而两个人要携手前行，更得在情感的三个时态互动中形成正反馈循环。

当然，如同买马不能照着图样去找一样，谈情说爱也不能按照定义来——无论是谁给出的定义，包括我前面给出的定义。但我前面提到的爱情是"将来时"和"共鸣"这两个属性可能值得大家特别关注。有关爱情，历史上人们常常讲"因缘"，似乎是命定的。其实这是一种反果为因的解读，反映了人类对不确定性的厌恶或恐惧。难道我们都是为"过去"而活，为他人而承担责任的吗？男女交往的双方何曾是为了对方而来到这个世界上？难道没有当下交往对象的出现，自己就没有对生活的感受和期待了吗？两个人情投意合不过是偶然的，恰巧在对的地方遇到了对的人。所谓"对的人"，不过是因为彼此在交流中对各自曾经的生活感受与期待产生了共鸣,并因此而愉悦。决定继续交往,不过是因为彼此对未来生活的共同期待。人类的行为模式是"谋而后动"。没有对未来的期待,两个人为什么会携手前行呢?

在我的印象中,谈到"爱情",好像都是当事人自己的事情。但凡有外人的干预,尤其是家族的干预,"爱情"好像就变得不纯粹了。其实,如果从人是生物的角度看,无论从单纯的生物学属性还是人类特有的认知能力角度看,没有人可以超越生物学属性以及认知空间中的观念体系而为所欲为。人是生物。可人还是走上了认知决定生存的演化之路,成为以"谋而后动"为行为模式的生物。每个人都不得不从出生时的一个单纯生物体,变成一个负责任的社会成员。这是一个个体的社会化过程。所谓"负责任的社会成员",在现代社会,意味着在社会的分工协同网络中扮演特定的社会角色,通过为社会角色配置资源的增殖来获取自己的生存资源。显然,个体作为一个生物体的个体发育过程和个体的社会化过程是并行的。在个体发育到被激素驱动而启动谈情说爱的行为时,自己的社会化过程走到了哪一步?社会化过程怎么可能是一个与他人无关的单纯"自己的"事情?这可能是每一个面临谈情说爱情境的当事人都无法回避的问题。复杂吗?的确。比动物世界中摄影师镜头中动物的求偶和交配权争夺过程复杂多了。可是,谁让人类是这样一种特殊的生物呢?

7.2 婚姻

在《非诚勿扰》的节目中，很多人表示要谈一场以结婚为目的的恋爱。其实，在摆脱了父母之命、媒妁之言的包办婚姻的社会中，绝大多数人谈情说爱，都以美满的婚姻为目标。可是人为什么要结婚呢？进一步的问题是，人类社会为什么衍生出如今主流的一夫一妻制婚姻形式呢？

前面讲到，对于哺乳动物而言，育幼成为一个有性生殖周期之外全新的居群成员之间的关联纽带。很多鸟类也需要亲鸟孵蛋和养育小鸟。可是，这些个体之间的关联纽带，在幼仔或者幼鸟长成之后就消失了。我曾在一个纪录片《体验野火鸡生活》中看到，尽管人工孵化出的火鸡在小时候将孵化者（主人公）视为其印随（imprinting）[①]的对象，但在小火鸡成年后再见主人公时，则视之为仇敌。

在动物居群中，尽管大部分种群在交配对象的选择上有很大的随机性，的确也有部分的种类保持终身的对偶生活模式，即类似人类社会推崇的一夫一妻制。就我所知，对动物世界中对偶

[①] imprinting 通常被译为"印刻"，指刚获得生命不久的小动物追随它们最初看到的能活动的生物，并对其产生依恋之情的现象。

生活模式的现象，目前并没有令人信服的生物学解释。从前面对真核生物有性生殖周期，以及动物居群组织的三组分系统（即秩序、权力、食物网络制约三组分之间的正反馈关系）的分析来看，有没有维持一夫一妻制的必要性？从目前可以看到的对人类社会演化进程的记录来看，人类社会曾经经历过群婚、母系部落、父系部落等不同形式，一夫一妻制的婚配关系并不是"自古以来"就有的。人类社会一夫一妻制是农耕社会之后才出现的演化创新。于是，人为什么要结婚，以及为什么会出现一夫一妻制的婚姻形式，就不仅成为年轻人无法回避的一个问题，也是不同领域学者们长期争论不休的一个问题。

就我个人的阅历而言，我在不同年龄段，对婚姻的意义就曾有过不同的理解。最初，大概和所有人一样，把婚姻和家庭视为一体，而且是与生俱来，或者"天经地义"的——可不是嘛，如一首歌①中唱的那样：没有天哪有地，没有地哪有家，没有家哪有你，没有你哪有我。真到自己开始谈情说爱，谈婚论嫁时，才真正开始思考为什么要结婚的问题。按现在的记忆，当时能想到的答案无非是家庭是社会的细胞。婚姻不仅为满足彼此的性需求提供了一个合法的形式（其实那时根本不知道性需求的本质究竟是什么），而且也成为彼此相互关爱与扶持的约定。因为我和太太双方父母的观念比较开放，我们的"结婚"并没有伴随"生

---

① 罗大佑、侯德健作词的《酒干倘卖无》。

子"的责任。当然,婚姻作为一种法律上予以承认和保护的两性关系,双方也应该承担法律所赋予的义务。这些都是在经历婚姻生活之前,从当时既存的"认知空间"中得来的印象。

在两个个体对未来生活的共鸣或者憧憬(爱情)变成婚后共同生活中的日常柴米油盐之后,尤其是夫妻双方的社会角色有着各自不同的发展方向,而且现实生活的忙碌让人难以找到时间去发展共同爱好的情况下,想象中的未来生活交集在哪里,就成为婚姻生活中难以避免的问题。我发现,周围有很多朋友都有类似的问题。夫妻双方成为熟悉的陌生人,以孩子为最重要的关联纽带。其结果是,很多夫妻在孩子考上大学离家之后,也就各奔东西了。面对这种情况,我曾经有一段时间思考过,健康的婚姻需要双方相向而行,在各自不同的社会角色之间,不断让交集最大化。

后来,我们自己的孩子长大,进入谈婚论嫁的年龄。他们也会问我婚姻的意义究竟是什么。他们这一代人的生活与工作条件都不错,并不需要借助婚姻组成经济共同体来相互扶持。在他们的年代,社会也开放到不再需要婚姻来为满足性需求提供合法性,那么人们为什么还要结婚呢?类似的问题不只来自我们自己的孩子。面对这个年龄段人们的问题,我发现了另外一个层面的感受,即婚姻是一个港湾。一个人在社会角色扮演中,总难免遇到各种不顺心。虽然从小到大每个人都会有不同的朋友、同事,但在这种情况下,对谁倾诉,又从哪里得到心灵的安抚呢?显然，曾经一路走过的伴侣，对彼此有更多的了解，应该是最好的对象。

再后来我发现，人们对婚姻的需求，似乎还有另外一层意义，那就是为自己的人生提供更加完整的视角。我们每个人与生俱来地具有一种性别。每个人的社会化无时无刻不伴随这种性别的影响。有一次，我和太太在外旅游。我们在一个景点拍照时，约好了在同样的位置以同样的背景为彼此拍照。可是拍出来的效果却很不一样。我想了半天原因终于发现，我俩的身高不同，因此拍照时角度会有差异。一个身高的差异就会给同样的场景带来不同的印象，两个不同性别的个体，在他们成长的过程中形成的世界观该会衍生出多大的差异？！如果遇到能对未来生活产生共鸣或者共同憧憬的人携手并进，不断分享各自不同性别视角下的生活经历，不是相互成就了两个视角或者个体认知空间更加完整的人吗？

从这个角度的论证，或许有人会说，变换不同的配偶是不是会得到更丰富的人生经验呢？从某种意义上这也言之成理。但这里衍生出一个新的问题，即如何面对曾经的自己？在婚变问题上，人们经常抱怨一方的"负心"。我曾经认真思考过什么叫"良心"。我为"良心"下过一个定义：对自相矛盾言行的高敏感度或者低忍耐度。我们作为多细胞真核生物，每个个体是行为主体。在"谋而后动"的行为模式下，每个人该如何对自己的行为做出选择？除了外在的、符合当时当地的行为规范之外，恐怕另外一个制约机制就是内在的、对自己的尊重。而自尊的本质，并不是自己对身份的追求，而是讲良心，不要自相矛盾。

讲良心并不是说在婚姻关系中要从一而终。每个人的一生都在不断的社会化过程中，不断地变换自己的社会角色，变换自己对世界的理解。这个世界上唯一不变的就是变。个人尚且如此，在茫茫人海中要找一个可以与之携手并进的另一半何其难。这完全是小概率事件。因此开始一往情深，之后同床异梦的事情反倒在所难免。从这个意义上，好聚好散，其实不失为解决婚姻中矛盾的一种办法。个人在面对自己的事情时都难免有纠结，更何况两个因不同机缘巧合偶然相遇而走到一起的人。当然，这从另外一个角度支持了我曾经提出的观点，即健康的婚姻需要双方相向而行，在各自不同的社会角色之间，努力保持交集最大化。

和前面提到的生命系统中所有的演化事件一样，婚姻其实也是一个"组分变异、互作创新、适度者生存"的生命系统迭代事件。关键问题是"度"在哪里。当然，婚姻关系中的"度"，看起来与性现象有关，其实与生物学上的性行为没有关系，也不是简单的法律问题——虽然"婚姻"是一个受法律保护的范畴，但也是个体在对伴随社会发展而衍生出来的行为规范与观念体系的理解基础上的选择。说到底，还是"认知决定生存"。

讲到从生命系统演化模式的角度看待婚姻，其实还引申出一个更根本的问题：追求确定性。从我对生命系统的观察来看，生命系统的起源、运行和演化，本质上不确定、不完美，不得不发生的。从这个意义上,人类之外的动物表现出的"贪生怕死",只不过是它们作为整合子,在运行中稳健性维持的表现;它们在地球生物圈中的存在,只不过是"适度者生存"的结果,无所谓对确定和完美的有意识追求。可是,人类因认知能力的出现,而在认知决定生存的全新演化道路上,将行为模式从其他动物的"刺激响应"转变为"谋而后动"之后,开始有可能对自身的行为加以选择,并有意识地追求行为结果满足自身需要。这种对满足自身需要的追求伴随认知能力的增强,逐步演绎为对自身想要的追求,并最终演绎为对确定与完美的追求——尽管在这种追求过程中,没有人能说清楚"确定"和"完美"究竟是什么。古代不同文明无一例外都有的类似"算命"的行为,就是在对行为方式进行选择时,为增加行为结果对自身有利的概率,甚至是确保行为结果对自身有利而构建起来的。

从这种大的思维定式视角来看,我们可以发现人为什么要结婚这个问题,其实还有一个追求确定性的心理倾向影响——既然主流观念体系认定"男大当婚、女大当嫁",对很多人而言,难免将婚姻作为人生的一种确定状态。单身意味着不确定,而结婚意味着确定。这种对确定性需求的潜意识,使得很多人在双方关系已经"食之无味"的情况下,仍然可以在婚姻的形式下波澜不惊地维持。

在文学作品中,有无性婚姻、无爱婚姻,恐怕还有在需求确定性的潜意识下维持的婚姻。或许,这才是在文艺青年中流行

"婚姻是爱情的坟墓"①说法的真正原因。基于前面对爱情和婚姻的分析,这句话完全没有任何道理——爱情是将来时,而婚姻是现在时。现在时怎么可能埋葬将来时?当然,我们现在完全不必苛责缺乏生物学知识、单凭个人经验而对爱情加以演绎的前辈。

7.3 性快感、满足方式与边界

性快感当然是一种生物学现象。我们在前面提到为什么动物在一定发育阶段出现性行为时,提到过激素驱动。这是性行为发生机制的一个方面。在另外一个方面,我们知道,求偶和交配权争夺其实都是耗能的过程。常常还伴随着受伤的风险(尤其是在交配权争夺中)。尽管从最终效果的角度讲,性行为是"利群"的,可是在没有类似人类的"谋而后动"行为模式中对后果预期的情况下,动物以什么机制保障个体行为的"利群"效果?面临耗能甚至受伤的风险,为什么动物还要奋不顾身地放手一搏呢?这就涉及性行为中的另外一层机制:奖赏回路。

奖赏回路是哺乳动物共有的一种大脑中特殊的神经回路。有关大脑奖赏回路的具体信息很容易从网络上找到,我们在这里就

---

① 此话(Marriage is the tomb of love)的来源应是十八世纪意大利作家贾科莫·卡萨诺瓦的自传《我的一生》。

不做细节的介绍了。总体而言,这种神经回路的特点就是动物可以借此从某些行为中获得愉悦感,从而优先选择这些行为。虽然奖赏回路的发现时间并不太长,但目前已经有证据表明,人类的很多行为都与奖赏回路有关:饥饿的时候获得食物所产生的满足感、寒冷的时候获得温暖所产生的舒适感、性行为所产生的快感、打游戏通关时的兴奋感,都是奖赏回路带来的效应。更有甚者,目前研究发现的各种成瘾机制,都与奖赏回路有关。北京大学生命科学学院的于龙川教授长期从事成瘾机制研究。他曾经告诉我,对毒品成瘾的人之所以对各种正常人的行为失去兴趣,就是因为毒品劫持了奖赏回路,任何其他行为所带来的愉悦感都无法与吸毒相比。而且毒品对奖赏回路的影响之深刻,是非常难以恢复的。他告诉我,他一直在各种场合告诫年轻人,千万要远离毒品。一旦染毒,终生戒毒。

从目前生物学研究的结果看,动物之所以奋不顾身地投入到性行为中,除了激素驱动之外,还有奖赏回路的加持。这种生物学机制,保障了哺乳动物的两个主体可以借助有性生殖周期这个纽带彼此关联,从而保障性行为这种"利群"的行为得以在演化进程中世代延续。人类是哺乳动物,当然也具有同样的生物学机制。所谓的"性快感"既不是"为了"传宗接代的一种机制,也不是"为了"给自己以奖励。只不过是演化过程中保障居群DNA序列多样性的一种策略而已。人类与其他动物不同之处在于,在人类"认知决定生存"的演化进程中,演化出了对周边事物加以解释的能力，行为模式也从其他动物的"刺激响应"，转变为"谋而后动"。在这种情况下，人类不仅可以在生物学机制驱动下启动某种行为，还可以在"预期"的驱动下启动某种行为。换言之，人类出现了两种行为驱动力。人类在保持其他动物共有的，包括奖赏机制在内的行为驱动力之外，又具有了"预期"这种人类特有的行为驱动力，毫无疑问这增强了人类生存能力。可是，同时也带来了两种驱动力之间如何协同的问题。尤其是在不知道生物学驱动力存在乃至其机制的情况下，单以基于表层的感官经验所演绎的观念作为预期目标时，两个驱动力之间的协同就成为一个非常难以实现的过程。显然，人们对性快感这个现象曾经因为对两个驱动力的无知而赋予了各种缺乏依据的解释和演绎。然后在这些解释和演绎的框架下，赋予性快感以正面或负面的评价。我们在第一章中提到的2017年在搜索引擎搜索sex这个词有超过10亿的点击量，所反映的不过就是那些缺乏依据的解释和演绎对网民的影响。

　　说来真是一个吊诡的现象：在一个强调个人行为主体性（主要是强调"预期"驱动）的现代社会，一个原本是维持或者驱动"利群"的性行为所衍生出的奖赏机制（主要是生物学驱动），居然被"不明真相"的人们演绎为个性解放的标志，心甘情愿地成为多巴胺的奴仆，甚至心甘情愿地成为色情产业的"韭菜"。当然，也有反例，即用预期或者意念（姑且不论这些预期或者意念的来源）来遏制包括奖赏机制在内的生物学驱动力驱动的行为，比如厌食症或者对性快感的抵触。

其实，无论出于什么驱动力，在现代技术的加持下，人们适度寻求性快感完全是个人的选择，无可厚非。只是"适度"的边界在哪里，就成为一个难题。从个体作为行为主体的角度讲，恐怕还是需要从网络的稳健性角度考虑生活中不同维度的平衡，做一个"谋而后动"的行为主体，而不是一个被内在奖赏回路或者外在广告宣传控制的、降维到"刺激响应"行为模式的工具人。从个体作为居群/社会这个生存主体成员的角度，则不得不考虑角色整合中的行为规范问题。显然，这两个方面已经超出了性快感的生物学属性范畴，成为一个认知层面的问题了。

谈到个体对性快感的追求，有两个话题无法也无须回避：一个是自慰的问题，另一个是婚外恋的问题。

从生物学角度看，自慰并非人类特有。在媒体上很容易找到关于倭黑猩猩自慰的介绍。2023年应朋友邀请去峨眉山游览，听当地生物保护机构的工作人员介绍，他们就拍摄到过在当地大名鼎鼎的藏猕猴的自慰视频。在人类历史上不同文明系统中，自慰不约而同地被作为禁忌，很大程度上是在农耕游牧社会中，人口规模与生存能力成正比，而要维持人口规模，鼓励生育自然成为各自观念体系中的优先目标。任何不利于生育的行为，都会被视为禁忌。在现代社会，由于各种原因，人类已经在技术上实现将性行为和生育解联。按照这种逻辑，把生物学层面上鼓励性行为的性快感获得与性伴侣解联不过是顺理成章的结果。从各个角度来讲，借助器物工具的发展，把性行为与生育解联，以及把获得个体性快感与性伴侣解联，本质上是有利于满足个体多样化需求的好事。改变对自慰的观念，不仅可以缓解夫妻双方因对性快感的需求不同而衍生出的婚内性生活不平衡所带来的困扰，还可以从观念层面上杜绝性侵者的借口，为解决性交易乃至性犯罪问题，提供一个不同的视角。

而从生物学角度看婚外恋的问题，一个基本的前提是，性行为本身对配偶并没有类型和数量的限制。前面对爱情和婚姻的讨论中，涉及了在当今社会一夫一妻制婚姻关系中的随机性和匹配概率问题。这种现象的存在，决定了婚外恋是一个不可能消除的问题，同时也决定了婚外恋的问题本质上并不是一个生物学问题，而是一个对行为规范的认知问题。从生物学上为婚外恋寻找借口，都不过是"借题发挥"。生物学不背这个锅。

7.4 同性恋

同性恋是一种生物学现象，这一判断得到很多现代生物学研究的支持。这种现象的基本特点是性行为的求偶对象不是异性个体而是同性个体。这种现象不仅存在于人类居群中，也存在于其他动物，包括果蝇这种昆虫居群中。显然，这是一种与性相关的现象。

与性相关的现象有很多。为什么在这里要讨论同性恋呢？原因其实很简单，这种现象在当今人类社会成为一个引发很多争议的社会现象——注意，我们之所以在这里讨论这个问题并不是因为这是一种与性相关的现象，而是因为它是一种社会现象。

　　为什么同性恋仅作为一种生物学现象可能就不会在这里讨论了呢？大概有两个原因：第一，同性恋现象不是"自古以来"就有的。而是生命系统演化到多细胞真核生物阶段之后才出现的。而从前面讨论过的有关性、性别分化、性行为的功能来看，同性恋现象难以找到其在生命系统运行与演化中不可或缺的功能。第二，既然在已知的生命系统运行与演化系统中似乎难以找到其存在的必要性，同性恋在演化进程中为什么会出现并被保留下来，就成为摆在生物学家面前的未解之谜。不少名人都对此做过研究和解释。国外的名人中有被誉为"20世纪达尔文"的威尔逊（E.O. Wilson），国内的名人中有著名公共知识分子饶毅。但迄今为止，虽然有观点认为同性性行为现象是因为与其他性状关联而被保留下来[1]，但具体的解释在生物学家之间仍是莫衷一是。既然专家都莫衷一是，在本书中还不如不讨论。

　　从另一方面看，即从整合子生命观的角度，或跳出基因中心论的角度，很多生物学现象的背后是生命大分子网络。如我们在

---

[1] Song S., Zhang J., 2024, "Genetic variants underlying human bisexual behavior are reproductively advantageous", *Science Advances* 10（1）.

前面章节讨论过的,生命大分子网络的节点都是在不断更迭,连接都是在不断自发形成和扰动解体的。可被观察的对象,都是上述动态过程中高概率存在的状态。既然如此,那么生命大分子网络不可避免地会呈现不同状态的概率分布。基于人们对概率论的研究,一个集合(在此可以代指一个动物的居群或者生命大分子网络的不同状态)中用任何一个特征来评估,该特征的数值在集合成员中都呈正态分布。如果把最终表现为求偶这种性行为背后的不同层级的生命大分子网络状态作为一个特征,那么这种网络状态数值的多样性,也会出现正态分布。而同性恋作为多样性网络状态中的一种,在生命系统演化进程中被保留下来也就不足为奇了。这就如同人类个体的高矮胖瘦呈正态分布一样。为什么没有人去质疑人群中出现身高一米五以下或者两米一以上的个体并在演化进程中被保留下来,而一定要去质疑人群中出现同性恋个体并在演化进程中被保留下来呢?

如果从这个角度看人类社会中的同性恋现象,那么这种现象引发的争议与这种现象发生的生物学机制无关,而是源自人们对这种现象的态度。这,显然是一个认知问题!

我们在前面的讨论中提到,在动物世界,由于个体具有行为主体性,居群作为生存主体的维持,不可或缺地依赖于对个体行为主体性的制约,即秩序。如我们在前面分析过的,对于一个特定的动物物种而言,秩序的界定与维持的力量在居群之外,来自食物网络制约,即该物种在食物网络中的位置;在居群之内,则来自权力。在动物居群中作为强者的当权者所拥有的交配优先权对于优越性基因在居群内的传播具有正反馈效应，因此对于居群中以小概率出现的同性恋状态既没有正向选择，也不会有逆向选择。

人类社会进入农耕之后，原本界定和制约权力的食物网络制约被不断弱化。人类因不堪忍受秩序和权力的二元对立所带来的动荡而不得不寻找新的"第三极"，从而衍生出轴心时代出现的、作为行为规范终极依据的不同观念形态。在两千多年前的轴心时代，人们根本没有"生物"的概念，而是将人类作为与其他动物、植物、矿物并列的一种存在，自然更不可能了解同性恋这种生物学现象及其背后的机制。人们所能够了解的，不过是与"繁衍生息"有关的"男大当婚、女大当嫁"，并将其视为"天经地义"的行为规范而要求每个个体遵循。在人类居群中原本就是正态分布中少数的同性恋，被歧视和打压，并不是因为其属于正态分布中的少数，而是因为其违背了婚嫁的行为规范。同样是正态分布的高矮胖瘦中的少数，因为其不涉及婚嫁的"天经地义"，虽然也会因为其少见而招来议论，但似乎没有人将其作为歧视和打压的对象。

有关同性恋问题的争论可以从很多方面来加以讨论。我在写到这一部分时，忽然发现一个自己过去没有意识到的视角：在我们谈同性恋问题时，我们在谈什么？习俗？法律？少数人的权益？同性恋现象在人类社会中一直存在，为什么过去没有作为一个话题而现在成了一个话题？既然是一个在特定时代才涌现出来的话题，会不会因为时代的变迁而销声匿迹？想想看历史上哪个时代没有被当时的人认为是生死存亡的话题？可是那些被当时的人认为是生死存亡的话题，不都随着时代的变迁而进入历史了吗？我们这些经历过"文化大革命"的人脑子里大概都被镌刻上了唐代诗人刘禹锡的一句诗：沉舟侧畔千帆过，病树前头万木春。在人类社会走向开放交融的大趋势下，多样性会越来越被包容。而在社会走向封闭割裂的大趋势下，少数人的抗争绝大多数都不会有什么好的结局。

还是那句话，"组分变异、互作创新、适度者生存"。在认知的领域，何为"适度"，相对于什么的"适度"，可能是所有人都无法回避的一个问题。

7.5 男女平等

另外一个与性相关的现象是男女平等。

在我的记忆中，我从来没有男尊女卑的传统观念。或许我生为男性的认知局限，使我感受不到在一个具有深刻男权传统的社会中女性所感受到的不方便。但从观念上，我一直困惑于一个问题，即差别和平等各自相对于什么而言？它们之间究竟是一种什么关系？

从生物学层面上，我们可以观察或者检测到男女两性之间存在一系列的差别。这种差别是生命系统演化的结果。从作为真核生物存在所必需的两个主体一个纽带的角度讲，男女之间的差别如同异型配子、减数分裂衍生的 DNA 序列多样性一样，对于物种的存在是不可或缺的。作为一个物种生存主体的两类不同成员，男女之间的差别其实是相对于彼此而言的，因此是一种彼此依赖于对方而被辨识的特征。这些差别作为生物学特征是先于人类认知出现而存在，因此也是不依赖于人类认知而存在的，并且无须也不应被认知而改变——如果大家还接受人是一个生命子系统作为讨论前提的话。而且，如我们前面提到的，对于真核生物而言，DNA 序列多样性是保障自身在不可预知环境因子变化的情况下维持网络稳健性的重要机制，我们需要或者应该或者能够消灭 DNA 序列多样性吗？DNA 序列多样性的表现不就是差异吗？更何况，男女之间差别还不止于此，它还是维持两个主体的纽带——有性生殖周期完成所不可或缺，因此也是维持人类物种存在所不可或缺的。

人们怎么会以男女之间与生俱来、不可或缺的差别为"题"而"发挥"出"男女平等"的诉求呢？"平等（equality）"是对谁而言的呢？

从我对生命系统基本属性的思考而言，生命系统有正反馈自组织属性、先分工后协同属性、复杂换稳健属性。构成生命系统的组分有群体性、通用性、异质性，而组分之间的互作有随机性、多样性、异时性。对于生命系统的起源、运行与演化而言，重要的是"适度"或者概率。从整个地球生物圈而言，不同的物种（包括物种中的成员）不过是如河流中的漩涡那样，在食物网络这个"河流"中自生自灭。不同物种之间的差异最初来自整合子的要素偏好性（这些要素中当然包括 DNA 序列）。这些具有组分通用性和互作多样性的共享要素，有时可以作为一个生物体中的构成组分，有时又被动态的生物体排出体外，回归地球生物圈，成为其他生物体的构成要素。对于食物网络而言，重要的是不同成员之间的相互依赖与制约。在生命系统所有这些不同的层级上好像都没有"平等"这个概念的代指对象。如果一定要找出与"平等"相关的要素，那么大概也只有组分的通用性和互作的随机性与多样性了。而前者是以群体性和异质性为前提，后者则以异质性组分的互作为前提。

在人类历史上，采猎社会的组织基本上是沿袭动物世界的模式，自然没有"平等"可言——我们前面提到，在动物世界的居群组织机制中，强者为王对于居群生存而言具有正反馈效应，是一种网络稳健性维持机制。在农耕生活早期，虽然生存模式从动物世界的取食转变为增值，但从目前的文献记载来看，并没有对"平等"的追求。按照费孝通的表述，在长期以农耕为主的中国传统社会，其社会秩序的特点一直是"差序格局"，其实就是不平等。

那么"平等"的概念究竟从什么时候在人类社会中出现？其

所代指的对象又是什么呢？就我浅薄的历史知识，我所能追溯的最早时期大概是在轴心时代：一种来自基督教的观念体系，即上帝面前人人平等——基于人类都是上帝的造物；另一种来自佛教的观念体系，主张"众生平等"——基于轮回。

"平等"作为一种价值观进入社会生活，估计一般人都会接受的看法是自启蒙时代以后，尤其是法国大革命以及拿破仑战争的推动。把"平等"放到这种历史背景下，我们可以发现，这个概念所代指的是一种对当时社会等级制度的反抗。其所代指的对象从基督教观念体系中作为上帝"造物"意义上的个体，变为作为居群成员所应该享受的同样的权利。从这个意义上，卢梭的名著《论人类不平等的起源和基础》从生物学角度看，是问了一个错误的问题——因为如前所言，被人们认为是"不平等"的"差异"是一个生命系统与生俱来且不可或缺的属性，早在人类出现之前就存在，与人类的出现和认知无关。真正要问的，是人类社会"平等"这个概念的起源。

此外，"权利"是对个人而言的吗？这就成为一个非常具有挑战性的问题。从人是生物的角度看，个体是行为主体，而由个体聚集而成的居群是生存主体，前者是相关要素整合的主体，而后者是可在居群内共享的 DNA 多样性序列库，每个个体是多样性序列库特定 DNA 序列的载体。个体之间的差别源自 DNA 序列多样性。没有具有差别的个体，就意味着没有 DNA 序列多样性，也意味着失去了真核生物应对不可预测相关要素变化的独特优势。在这个意义上,每个个体以及个体之间的差异都具有不可或缺的重要性。可是,此时个体的生存取决于 DNA 编码的内在生存能力。这种能力是与生俱来的,与生俱来的能力可以作为"权利"的讨论对象吗?个体之间的能力差异也是与生俱来的,对于这种差异有"平等"的讨论空间吗?

在轴心时代前后虽然出现了不同形式的人人平等的观念,但在现实中,人们却长期生活在等级制度之下。为什么到了启蒙时代之后,"平等"一下变成了不仅可望而且可及,甚至鼓励人们为之奋斗的概念了呢?在我看来,主要是因为人类认知能力发展所衍生的外化生存能力积累到了一定程度,基于外化生存能力——表现为器物工具和观念工具——的分工协同网络越来越复杂。同时,伴随大航海而出现的欧洲人的对外扩张,也带来了全新的生存空间。新的岗位功能总需要人去实现。在这种情况下,谁来占据什么岗位,就变成了一个开放的问题。正是不断拓展的分工协同网络中岗位的开放性,以及由此带来的不同岗位增值功能的改变,结合当时宗教改革所提出的个体与上帝关系的改变,使得当时社会衍生出一种预期:只要自己努力,就可以成就理想的事业,创造或占据在传统社会不可企及的社会角色。

在进入农耕之前,个体在居群中的位置主要基于个体的生理能力,在几乎没有外化生存能力的情况下,根本谈不上分工协同岗位,因此也就不存在个体与岗位之间的关系问题。进入农耕之后，开始出现分工协同，但个体与岗位之间的关系很大程度上依赖于世袭。个体的贫富贵贱，如果不是出现无法抗拒的变化，实质上都没有选择的空间和机会。只有在出现开放的分工协同岗位之后，个体才有可能在不同的岗位之间做出选择；只有出现个体的选择，才谈得上个体的"权利"；而只有不同个体之间都拥有选择的权利，才谈得上权利之间是不是"平等"。只有在此时，"平等"的内涵才从神学意义上的上帝造物和抽象意义上的对等级制度的反抗，转而变成具有可及性的个体在社会分工协同网络中占据不同岗位的权利。

如果从这个角度来理解"平等"概念的内涵，那么我们可以看到一个非常有趣的转变，即个体不仅具有生物学意义上的成长过程，还被赋予了社会学意义上的社会化过程。每个人出生时都不过是单纯的生物体，只有在社会化过程中，才能通过角色整合成为一个社会成员。正是外化生存能力的发展，使得"平等"概念的"可及"成为可能。但这种可能只是个体与岗位关系选择层面上的。原本与个体间的生物学差别无关。伴随分工协同网络的复杂化，不同岗位对上岗者的技能会有不同的要求，而每个人与生俱来的生物学差别和社会化环境差异并没有因分工协同网络的复杂化而消失，什么样的人占据什么样的岗位，迄今为止一直是一个令人困扰的社会问题。

显然，上述意义上的"平等"是对全体社会成员而言的，与男女差异有什么关系呢？

追溯起来，男女之间的不平等，其源头在于农耕时代增值过程对个体体力的依赖性[①]。因为农耕时代生存资源主要来自基于体力的耕作，男女之间在体力上的差异，衍生出双方在增值过程中贡献程度的差异，并最终形成生存资源分配权力上的男性主导格局。从这个角度看，在传统农耕社会中，在生存资源获取和分配上的男性主导并不是源于男性对女性的傲慢或者敌意，而是由生存模式所决定的。可是工业革命之后外化生存能力所占的比重越来越大，分工协同网络越来越复杂，生存资源获取对个体体力的依赖越来越弱，历史上男性主导的合理性也就不复存在。从这个角度看，女权运动所争取的对男性的平等，所针对的其实并不是前面讨论中所提到的不同岗位占有机会和占据不同岗位权利的平等，而是源自农耕时代的男女在生存资源获取和分配权力上的不平等，以及因为男女之间生物学差别衍生的、在农耕时代形成的对女性能力的偏见。这种偏见表现在对女性就业上的歧视和同工不同酬。当然，也包括在福利方面对女性特有的生理需求的忽视。

基于上面的分析我们可以发现，"平等"的问题是人类社会在认知决定生存的演化道路上发展到一定阶段才出现的特有问题（迄今也没有找到合适的实现方法）。在动物世界不存在这样的

[①] 这里以农耕为例，但男女差异在游牧民族中同样存在。在那里与牲畜的互作中，体力也是至关重要的的因素。当然，除了增值活动之外，战争过程中人与人博弈中的"身大力不亏"也在不断强化男性的主导地位。

问题。因此，平等的问题不仅与性现象无关，甚至不是一个生物学问题。但有趣的是，有研究发现，在一些动物种类中，居群内个体之间，存在对生存资源（主要是食物）分配公平（equity, fairness）的预期。换言之，动物对食物的分配不公会表现出不满。人类的幼儿对分配公平存在预期是有大量心理学研究证据的。我并不清楚动物和人类幼儿是如何实现对"公平"的判断的（如果做一个猜测的话，很可能是基于不同个体对同类要素整合能力之间的平衡加上共情）。但如果接受这些动物行为和人类心理研究结果，那么对"公平"的预期应该是有生物学基础的。从这个意义上，上面提到的女性对在传统社会中形成的对女性能力偏见的挑战，恐怕更多的不是属于"平等"范畴的问题，而是属于"公平"的问题。

当问题从"平等"转到"公平"，显然与男女之间的生物学差别就没有什么实质性关系了。真正的问题，变成了人类在越来越依赖于外化的生存能力的情况下，个体与岗位之间的匹配机制、角色扮演的报酬评估，以及"公平"的生物学机制及其在行为规范构建过程中的运用方法问题。这显然已经超出了男女平等的话题。

结语:既是作茧自缚,何不破茧而出?

从前面对性观念的起源、性观念在人类社会中的地位,以及人们在社会生活中常见性现象的另类解读可以看出,人类社会中的性话题看似与两性之间的差别有关,其实都来自历史上人类对性现象的无知,以及维持特定生存模式下社会秩序的需要所做的演绎,不是基于停留在感官经验上的肤浅。比如对男女之间的体力差别、对异性之间激素驱动和奖赏回路驱动相关行为的观察——我们将其称为幼态停滞——就是基于特定目的的借题发挥。对于后者,历史上人类农耕社会延续了一万多年,绝大多数聚落男女体力上的差别而长期处于男权社会。在这种情况下,女性因为体力上的弱势而长期受到不公正的对待,不得不生活在偏见之中。在人类社会进入工业化之后,因为观念的宿存性而没有及时实现观念的转变。女性为争取自身应有的社会化权利而抗争是情理之中的，但以"性"为名，把女性在历史上受到的歧视和不公平对待视为男性的敌意或者傲慢，这显然是找错了抗争的对象。

如果追溯 20 世纪 60 年代的"性解放"运动，我们可以发现当时其实是以性为名在追求个性的解放。和启蒙时代追求的个人主义相比较，这两个过程有很大的差别。启蒙时代对个人主义的追求，是把人格化的神转变为神格化的人。在那个时代，"人"是理想化或者模式化的。这一点与当时兴起的牛顿物理学革命中将世界简化为质点的思维定势有不解之缘。在后面的历史进程中，尤其是经历了希特勒德国以秩序为名而追求整齐划一（如里芬斯塔尔导演的《意志的胜利》纪录片中震撼人心的正步）、扼杀个性所带来的灾难之后，人们开始从对理想化、模式化的"人"的推崇，转为对个性化的人的追求。可是在进入工业化社会之后，人们不得不依赖于整合到分工协同网络中的岗位，借助为岗位配置的资源增值而获取生存资源，衣食住行的要素都是流水线批量生产的，有什么东西可以用来彰显个性呢？或许只有与生俱来的肉体，以及对个体生物层面行为的操控，才能证明个体的独特性。这或许是对以性行为的放纵作为"性解放"，并以此来彰显个性解放的一种合乎逻辑的解释。这个推论从当年名噪一时的法国哲学家福柯在其 *History of Sexuality*

一书[①]中的论述,以及他个人对性行为的选择中可以找到线索。

我曾经以"生存竞争"为例,分析过在对生命系统起源、运行、迭代/演化的内在机制知之甚少的情况下,人们在解释与自身相关行为时出现的一个怪圈:基于人类特有的"谋而后动"的行为模式(相对于其他动物的"刺激响应"行为模式),以及以对自身感官经验中人与人之间互动模式的感受为参照,对地球生物圈中不同物种的关系提出了一套拟人化的表述;然后,又借这种拟人化的表述,基于感官经验来解释作为观察对象的实体(其他生物体)的特征以及不同实体之间的关系,并将这些解释作为生物的属性;再然后,又因为对生物之间关系的观察和描述过程是一种"科学"活动,而把这些解释作为"科学结论",反过来把这种原本基于拟人化表述所构建出来的"生物属性"作为解释人类社会自身问题时借用的"科学""客观"的依据。从第七章的分析我们可以看出,在对性现象的认知过程中,也存在类似的怪圈:明明以男女之间关系为核心衍生的社会行为都是认知层面的表现,与生物学意义上的性别并没有直接的关系,可是,人们却一直努力从原本没有认知能力,也没有观

[①] 作为植物发育生物学研究者,我对哲学,尤其是现当代哲学完全是门外汉。之所以了解到福柯有这本书,完全是一个偶然的机遇。当时想看看中文网上有没有关于性别问题讨论的文献和相关的信息。偶然看到北大当年有一拨学生着迷于福柯,在他们读的福柯著作中有这本书。我很好奇,一个哲学家会怎么讨论性现象。于是从图书馆借出这本书。读后我意识到,原来在人类历史上,性是一道被人任意"发挥"的"题"。

念体系作为"谋而后动"中"谋"的依据的其他动物两性关系的模式上，去寻求人类两性关系背后机制的解释。在这种怪圈下，要想找到对性现象的合理解释无异于缘木求鱼。

第六章中讨论了人之为人背后的生物学机制。如果大家认同人之为人在于认知能力的演化创新，以及人类走上了一条认知决定生存的演化道路的解释，那么就很容易理解历史上，人们因为对生命系统的性现象知之甚少而靠"脑补"演绎出的有关性现象的各种解释，在现在看来绝大部分都是无稽之谈。换言之，在人类日常生活中影响大家对性现象理解和相应行为选择的那些"谋而后动"的"谋"的依据，和人类作为一种生命子系统存在不可或缺的性现象基本上没有关系。在生命科学迅猛发展了一两百年、人类对"性"是什么有了具有客观合理性的解读，原本用来维持社会秩序的农耕社会已经被工业化社会取代之后，传统社会性观念存在的合理性基础已经不复存在，人们该怎么办？是置科学研究的发现以及在此基础上构建的有关性现象的解读于不顾，置生存模式的改变于不顾，而以坚守传统为旗号来维持传统的性观念？还是根据对性现象解读的改变和社会生存模式的改变而重构人类的性观念？如果是选择后者，那么什么才是与当今社会生存状态相匹配的性观念？

从"谋而后动"行为模式的角度看，人们需要观念体系作为"谋"的依据，这样才能够形成维持生存主体，即居群/社会所需的秩序。从认知决定生存的角度看，观念是人构建的，也应该由人去解构和重构。回溯到轴心时代，当时生活在地球不同地域的人类居群根据各自所在的时空特点，构建起了不同的观念体系。如果把那个年代不同居群所拥有的有关自然和人类自身的知识总体视为一个孩子，而把基于这些知识而构建的观念体系视为给孩子穿的衣物，那么大家一定很容易理解，一个为三个月婴儿所制作的衣物，怎么可能穿到一个三岁孩子的身上？显然，当今世界人们要想从传统的性观念束缚中摆脱出来，要做的，就是打破既存的认知茧房，量体裁新衣。

附录一

文献类型	年份	定义表述	作者	文献来源
网络百科	2017	Sex, the sum of features by which members of species can be divided into two groups——male and female——that complement each other reproductively.	N.J. Berrill	https://www.britannica.com/science/sex# toc 29374
	2017	Organisms of many species are specialized into male and female varieties, each known as a sex.		http://en.wikipedia.org/wiki/Sex
教科书	2005	Sexual reproduction is the creation of offspring by the fusion of haploid gametes to form a zygote, which is diploid.	Campbell and Reece	*Biology* 7th ed.
	2000	It should be noted that sex and reproduction are two distinct and separable processes. Reproduction involves the creation of new individuals; sex involves the combining of genes from two different individual into new arrangements.	S. F. Gilbert	*Developmental Biology* 6th ed.

续表

文献类型	年份	定义表述	作者	文献来源
专著	1982	Sex is a composite process in the course of which genomes are diversified by a type of nuclear division called meiosis, and by type of nuclear fusion called syngamy, or fertilization. Sex and reproduction are quite distinct processes: sex is a change in the state of cells or individuals, whilst reproduction is a change in their number.	G. Bell	*The Masterpiece of Nature: The evolution and genetics of sexuality*
	1983	-Fisher, 1930: No practical biologist interested in sexual reproduction would be led to work out the detailed consequences experience by organism having three or more sexes, yet what else should he do if he wishes to understand why the sexes are, in fact, always two? Sex is defined as gender, male or female. Sex development refers collectively to the various molecular, genetic, and physiological processes that produce a male or a female from a zygote of a given genotype and parents in a given environment.	J. Bull	*Evolution of Sex Determining Mechanisms*
	2014	Sex is defined by the occurrence of meiosis.	Beukeboom and Perrin	*The Evolution of Sex Determination*

续表

文献类型	年份	定义表述	作者	文献来源
综述论文	2002	True sex——syngamy, nuclear fusion and meiosis——is found only in eukaryotes.	Cavalier-Smith	Origins of the machinery of recombination and sex
	2013	The core features of sexual reproduction involve: (i) ploidy changes from diploid to haploid to diploid states, (ii) the production of haploid mating partners or gametes from the diploid state via meiosis which recombines the two parental genomes to produce novel genotypes and halves the ploidy and (iii) cell-cell recognition between the mating partners or gametes followed by cell-cell fusion to generate the diploid zygote and complete the cycle.	Heitman et al.	

后记

生命科学在过去一两百年中取得了令人叹为观止的进展。我作为研究者队伍中的一员,对基于各种新发现所带来的对传统观念的冲击有切身的感受。可是,由于前面提到的观念工具的宿存性,传统观念的改变常常是一件非常困难的事情。德国著名的物理学家普朗克有一句名言:科学的进步发生在葬礼上。可是,从我在植物单性花发育研究二十多年的经历来看,在很多观念上,提出观念的学者葬礼已经过去很多年了,可是观念并没有伴随新发现的积累而改变,反而看到很多"削足适履"的怪现象。要"量体裁新衣",需要对研究领域有了解的学者的共同努力。可是,在当今学术界越来越商业化的情况下,大家关注的重心都在怎么能在既存观念体系的前沿做出突破。对既存观念体系的质疑是一件吃力不讨好的事情,更不要说解构和重构了。在有关性现象问题的研究上更是如此。自从我们实验室2012年发表文章提出植物单性花发育不是性别分化机制,而是促进异交机制[1]之

---

[1] Bai SN, Xu ZH, 2012, "Bird-nest puzzle: can the study of unisexual flowers such as cucumber solve the problem of plant sex determination?", *Protoplasma* 249 Suppl 2: S119–123.

后，虽然有个别国外权威专家对此观点大加赞赏，但在总体上我们的观点在绝大部分同行中既没有得到响应，也没有面临反驳。在这种情况下，我在本书中对性现象的解读，在目前也只是一家之言。

本来，学术观点的不同在学术界内部是再常见不过的事情。完全没有必要诉诸缺乏专业背景的公众。之所以面对公众开设讨论性别的课程（即第一章开篇提到的北大学堂的课程）而不得不涉及不同的学术观点，完全是因为在对性现象的研究过程中，我发现对性现象的误解直接影响到人们的社会行为，而且很多社会问题的源头在于对性现象的误解。我作为植物研究者，固然对社会管理问题没有资格说三道四。但对于社会问题背后的生物学机制，我却义不容辞地承担有向公众传递真相的责任。正是出于这种考虑，与继续教育学院和出版社协商后，我应约把课程内容撰写成册。但是，如果有心的读者去比较此书的内容和课程的内容，一定会发现这本书的内容与课程内容相比已经面目全非，这在我也是始料不及的。这些巨大的改变背后有很多原因，主要的还是从课程到本书写作的过程中，我对相关问题有了更多的思考。如果没有出版社的邀请开始撰写此书，很多问题即使思考，恐怕也都一闪而过，不会有机会遣词造句地记录下来。

在本书的写作过程中，我再一次感受到刚来北大时和一位本科生聊天时提到的一个观察，即人类发展中面临的最大障碍有两个：把人们对现象的解释作为现象本身来接受，以及逻辑的百分之五十。当时这位同学问我,为什么是百分之五十?我说这只是一个定性的比喻。意思是如果大家愿意按照同一个逻辑向前推理,那么很容易发现很多说法其实是站不住脚的。至于现象和对现象的解释,我在后来的思考中把内涵丰富了一下:我们需要区分现象与对现象的描述、解释和演绎。现象是不依赖于人类观察者的存在而存在的,但对现象的描述却是依赖于人类的。解释需要有证据的支持,而演绎基本上是靠想象。人们在很多媒体中可以看到一种说法,要区分"事实"和"观点"。这显然是对的。但"事实"在很多情况下是依赖于描述和解释的。对儿童而言,区分在既存观念体系下的"事实"和来自表达者的"观点"就够了。但对于成年人,尤其是研究者,很多载入教科书中的"事实"其实是前人对现象的描述和解释。如果意识不到这一点而将其作为"事实"而接受,那么难免落入认知茧房而无法自拔。

此书的完成首先要感谢当时在北京大学出版社工作的陈佳荣编辑,她对此书的热情和耐心让我由衷地感激。她为了说服我把课程内容写成一本小册子,几乎是一夜之间把我的课程视频转换为文档发给我。让我觉得好像改编不是一件很困难的事情。而在确定我开始写作之后,她又给了我很大的自由度来安排进度。还要感谢出版社的王立刚主任,他为此书的出版提供了一以贯之的坚定支持。同时感谢李凯华编辑,他接手陈佳荣的编辑工作后,对书稿提出了非常重要的修改建议,让我发现了一个更好的结构方式,使得本书以更好的形式呈献给大家。

当然，我特别要感谢许智宏院士对我在北大开展黄瓜单性花研究的鼓励和支持。观察他对整个工作进展，尤其是观念转变的处理方法，让我切身感受到一位科学大家所具有的高瞻远瞩和开阔胸襟。感谢当年在北大实验室从事黄瓜单性花研究的博士后、研究生和本科生们。他们在研究过程中都非常地努力，但都没有得到与他们努力相应的回报，即按照当下主流评估标准的高影响因子论文，没有为他们之后的职业生涯积累下值得炫耀的资本。但是，他们的努力没有白费。没有他们扎扎实实的实验发现，我不可能对性别问题有现在的思考。还要感谢美国芝加哥大学的龙漫远教授。没有他当年力劝我参加植物性染色体的研究，我对性现象的思考非常可能就止步于"植物单性花发育不是性别分化机制，而是促进异交机制"这个结论，不会关注动物和原生生物的性现象，也不会提出"有性生殖周期"这个概念。也感谢北京大学生命科学学院的樊启昶老师。没有他对动物性别分化的介绍，靠我自己的阅读来理解，不知道能不能从名目繁多的动物发育模式中归纳出动物性别分化的核心是生殖腺分化的概念。我相信我对性现象的思考和解释是量新发现之体而裁剪的新衣。现在的一家之言，将来应该成为学界的主流共识。到那时，曾经在实验室从事黄瓜研究的研友们完全可以为你们当年的贡献而感到骄傲。